物理を楽しもう

物理を楽しもう

阿部龍蔵

岩波書店

ま え が き

　物理は，世の中で人気のある学問ではなさそうです．物理の計算というと，与えられた公式に数値を代入するだけのつまらない話と思っている人がいるかもしれません．反面，物理は面白いとは思いながら，自分でどういう勉強をしてよいかわからないでいる人もいらっしゃるでしょう．一昔前，高校の理科の物化生地という科目はすべて必修でした．現在ではこれらが選択制となりましたが，物理を学ぶ高校生は 2 割程度であると聞いています．大学の理工系の学科に入学してくる学生で，高校時代に物理を履修しなかった者もかなりいるとのことです．そのため，各大学ではこのような学生を対象に特別な物理教育を実施しています．

　小学校から大学までの学校教育，あるいはその後の生涯教育において不得意学科の習得はつらいものです．私は，勉強という言葉はしばしば「強いて勉める」という意味だと思ったことがありました．宿題があるから，試験があるからという理由で嫌々ながら勉強しても，あまりいい結果にはならないでしょう．しかし，得意学科では勉強が楽しく，多少の困難もそれほど気にせず乗り越えていけると期待されます．

　物理が嫌われるという事実は，物理を不得意とする人が多数いるということです．その背景には，物理の教科書が面白くないという事情があると思います．小学校のレベルでは，物理に限らず理科の科目が好きという人が多数派ですが，中学 3 年ぐらいになると，いわゆる理科離れというか物理を含めた理科嫌いが多数派になるよう

です．小学校時代には花，虫，磁石といった身の回りのものを対象にいわば無邪気に学べばよいのに，中学レベルになると教科書にはかなり理屈っぽい，また数学的な要素が入ってくるのが理科離れの一因かもしれません．

ある科目が得意か不得意かは，その科目を学ぶ人の才能や個性に依存するのは当然としても，その学科がどのように教育されるかも大きなファクターだと思います．私自身，東京大学，放送大学で物理の講義を35年間続けてきましたが，かねがね講義の理想は落語のように巧みな話術で学生を魅了し，講義の内容を理解してもらうことだと思っていました．もっとも，落語に現れる微妙な日本語のニュアンスは必ずしも若い世代には理解されず，テレビでも古典落語は一種の芸術として放映されているようです．

落語はともかくとして，物理を遊びながら，楽しみながら学習することができれば，不得意科目から得意科目への転換ができると思います．本書はこのような趣旨で執筆したものですが，そのきっかけは下記の通りです．1990年代の初頭，岩波書店で長岡洋介，原康夫両先生を編者とする岩波基礎物理シリーズが計画され，私がこのシリーズのトップバッターとして『力学・解析力学』を執筆しました．このシリーズでは，本来の物理の話の他に，肩の凝らない閑話休題的な読み物として coffee break という欄が設けられました．全10巻のシリーズが完成した今日，他の先生方の coffee break 欄を読みますと，本文よりはるかに面白い読み物になっているという印象をもちました．本文と coffee break の役割を逆転させれば，物理を楽しみながら学べるのではないかという発想が本書執筆の出発点になっています．

本書は，乗り物のおもちゃを自作する，リハビリの一工夫を考察

する，ジャンプのモデル実験を行う，弓の名手たちを考える，けん玉の1つの遊び方を紹介する，寒剤に関する簡単な実験を行う，トランプを利用したモデル実験を行う，静電気の秘密を探る，電池と電流の関係を調べる，磁石の超能力に注目する，各種の家電製品を考える，2本の鉛筆を使い光の波動性を理解する，といった章から構成されています．誰にでもできる簡単な実験から出発し，その背後に潜む物理の法則や原理をできるだけやさしく解説するよう心掛けました．本書により，物理を楽しむという気分となって，物理アレルギーが多少でも解消されれば幸いに存じます．

　本書の執筆に当たり貴重なご意見やご助言をいただいた岩波書店編集部の宮部信明氏，横川民雄氏にあつく感謝の意を表したいと思います．

　2001 年夏

阿 部 龍 蔵

目　　次

まえがき

1　乗り物のおもちゃ ・・・・・・・・・・ 1

1.1　いろいろな乗り物　1

1.2　乗り物のおもちゃ　3

1.3　速さと速度　8

1.4　運動の第三法則　14

2　リハビリの一工夫 ・・・・・・・・・ 17

2.1　重力との戦い　17

2.2　斜面台によるリハビリ　20

2.3　重力と加速度　28

2.4　運動の法則　31

3　ジャンプの力学 ・・・・・・・・・・ 35

3.1　ジャンプあれこれ　35

3.2　ジャンプのモデル実験　37

3.3　位置ベクトル　44

3.4　運動方程式の解法　47

4 弓の名手たち ・・・・・ 51

4.1 何人かの名手　51

4.2 仕　　事　52

4.3 位置エネルギー　56

4.4 運動エネルギー　61

4.5 力学的エネルギー　65

5 けん玉入門 ・・・・・・・ 71

5.1 回転の数々　71

5.2 等速円運動　74

5.3 向 心 力　78

5.4 角運動量　82

6 0°C 以下を実現する ・・・・ 89

6.1 手軽な寒剤　89

6.2 熱と熱量　92

6.3 熱と仕事　94

6.4 熱力学第一法則　98

6.5 分子運動論　101

7 トランプと麻雀 ・・・・・ 105

7.1 熱の特徴　105

7.2 可逆過程と不可逆過程　109

7.3 熱力学第二法則　113

7.4 エントロピー増大則　117

目　次　xi

8　静電気との出会い ・・・・・・・・・・・ 123

8.1　身近な静電気　123

8.2　クーロンの法則　126

8.3　電　　場　130

8.4　導体と誘電体　135

9　電池と電流 ・・・・・・・・・・・・・ 139

9.1　電池をめぐって　139

9.2　オームの法則　143

9.3　抵抗率の温度依存性　147

9.4　電力とジュール熱　150

10　磁石の超能力 ・・・・・・・・・・・ 155

10.1　身の回りの磁石　155

10.2　磁　　場　157

10.3　磁性体と磁束密度　162

10.4　電流と磁場　166

10.5　電磁誘導　169

11　家庭の電気 ・・・・・・・・・・・・ 177

11.1　三種の神器　177

11.2　交流の電力　179

11.3　白熱電球，蛍光灯，電熱器　185

11.4　モーターの原理　191

12　2本の鉛筆 ・・・・・・・・・・・・・・・ 197

12.1　簡単な実験　197

12.2　波の基本的概念　199

12.3　波の性質　203

12.4　電　磁　波　208

12.5　電波の応用　210

参考文献　217

索　　引　219

1　乗り物のおもちゃ

　私たちの身のまわりでは，自転車，自動車，電車など各種の乗り物が活躍しています．歩くのに比べ，このような乗り物を利用すると，短時間で目的地に到達することができます．本章では，乗り物をシミュレートする簡単なおもちゃを自作し，このようなおもちゃの運動を楽しみながら，なぜ乗り物が進むのかその背後に潜む運動の法則について考えていきます．

1.1　いろいろな乗り物

東海道五十三次

　広重描くところの東海道五十三次の浮世絵は世界的に有名です．1960年頃，アメリカに留学していた当時，どこだかよく覚えていませんが，名もない美術館で53全部の絵が展示されているのを見て驚いた経験があります．当時，日本では広重の絵はマッチのラベルによく使われごく当たり前の存在でしたが，この展示を通じその芸術性を再認識しました．広重の絵は記念切手の図柄にも取り上げられ，国際文通週間にちなんで1997年に発行された切手には亀山(三重県)が描かれています(図1.1)．

　東海道は江戸時代に制定された五街道(東海道，中山道，日光街道，甲州街道，奥州街道)の1つで，江戸日本橋を起点とし京都三条大橋を終点としています．当時の人は江戸から京都までの53の宿場を徒歩で進んだわけですが，「箱根八里は馬でも越すが，越すに越

図 1.1　広重の浮世絵にもとづく記念切手

されぬ大井川」と歌われたように，江戸時代の旅は途中でなにが起こるかわからない不安なものでした．江戸を朝早く出発した旅人はその日のうちに戸塚まで進んだそうですが，江戸から京都まで 14, 5日の行程というのが普通だったようです．馬やかごを利用した人もいたでしょうが，大部分の庶民の交通手段は徒歩でした．

　江戸時代には旅が一種のブームで，年間約 500 万人の人がなんらかの旅をしたそうです．これは 6 人に 1 人の割合に相当します．このような旅好きは現代人にも遺伝し，年間 1700 万人もの人が海外旅行にでかけています．

鉄道の開設

　1872 年(明治 5 年)に品川，横浜間でわが国初の鉄道が開設されました．その後，百年余りの間に，鉄道は大躍進を遂げ，現在では新幹線を使えば東京から京都まで 2 時間少々で行けます．私が小学校4 年生のとき，1940 年(昭和 15 年)ですが，紀元は二千六百年ということで大々的な祝賀の行事があり世界に冠たる歴史の長さが誇示されました．いまでも「紀元は二千六百年　あゝ一億の胸はなる」といった歌を覚えています．もっとも 2600 という数字には明確な科

学的根拠はなく，かなりさばをよんでいたようです．いいところ 2000 というところでしょうか．いずれにせよ，わが国の有史以来 19/20 では人々の交通手段はもっぱら徒歩に頼り，最後の 1/20 になって，自転車，自動車，電車，飛行機など各種の乗り物が発達したことになります．その進歩の速さには驚かされます．

　これらの乗り物は，基本的に何らかの回転によって生じる推進力を利用しています．この背後には物理の法則があるのですが，以下その点について紹介していきましょう．

1.2　乗り物のおもちゃ

鉄道模型

　乗り物には何となくロマンが漂っています．宇宙戦艦ヤマトは SF の乗り物ですが，その主題歌には「戦う男　燃えるロマン」という一節があります．電車や飛行機の操縦シミュレーションが静かなブームとなっているようですが，これもロマン心をくすぐるからでしょうか．病膏盲に入るとシミュレーションに飽き足らず実際のジェット機を操縦したいという欲望に駆られ，ハイジャックといったとんでもない事件が起こったりします．

　ロマン心を満たす，もっと危険性の少ない方法は，乗り物の模型を楽しむことでしょう．最近の鉄道模型では 150 分の 1 の縮尺で軌道幅 9 mm の N ゲージがはやっています．私の子供の頃は 32 mm 幅の O ゲージ，16 mm 幅の HO ゲージが普通でした．戦時中で物資がないため，廃物を利用し HO ゲージ用のモーターを自作しようと頑張ったことがありますが，うまくいきませんでした．戦後，技術の進歩により小型モーターの大量生産が可能となり，N ゲージの

4

ような昔では考えられない小型の模型が実現の運びとなりました．

糸巻き車

　市販の N ゲージ模型を見ると，本物そっくりという印象をもちます．しかし，形にこだわらない動くおもちゃには多種多様なものがあります．戸田先生の著書『動くおもちゃ』[1] とか『しかけおもちゃであそぼう』[2] には，そのような例がたくさん載っています．ここでは，先生の著書[2] の内容とだぶりますが，身の回りの材料で自作できる動くおもちゃを紹介いたします．私と同年代あるいはそれより古い方でしたら一度は作った経験をおもちかと思いますが，若い世代の方にとっては目新しいことかもしれません．残念ながらこのおもちゃの正式な名称はわかりません．戸田先生の著書[2] ではブルドーザーという名称で紹介があります．また，インターネットでの手作りおもちゃのページ[3] には，私流と少々違いますが，同じようなものが紹介されていて「糸巻き車」と呼ばれています．それに従い，ここでも同じ名前を使うことにします．

　準備していただく材料は，不要になった糸巻き，割り箸，五円玉，長さ 1 cm 程度の釘，ゴム輪です．まず糸巻きの 2 つのへりに図 1.2

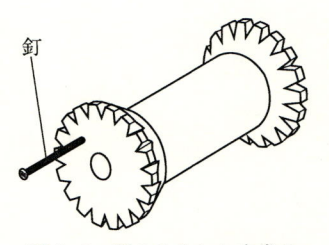

釘

図 1.2　刻みを入れた糸巻き

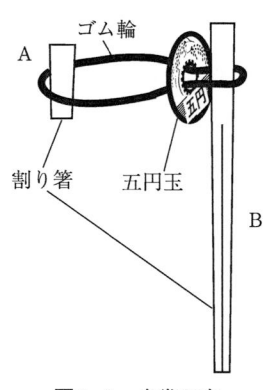

図 1.3　糸巻き車

のようなぎざぎざの刻みを入れてください．この部分は自動車のタイヤに相当します．昔は比較的やわらかな木で糸巻きができていましたから，ナイフなどを使い簡単に刻み目を入れることができました．しかし，最近の糸巻きはプラスチック製ですので，材質が堅く刻み目を入れるのは容易でないかもしれません．うっかりすると手を切る可能性があります．十分気を付けてください．糸巻きの代用品を使うこともできますが，この点については後の図 1.4 をご参照ください．

　次に，糸巻きの輪の直径よりちょっと短か目に割り箸を切り，これを図 1.3 のように A とします．また，直径の 3〜4 倍程度に割り箸を切り，これを B とします．A が空回りしないよう図 1.2 のように釘を打ち，また摩擦を少なくするため五円玉の穴にゴム輪を通して，図 1.3 のような装置を作ります．この図ではゴム輪が 1 本しか描いてありませんが，普通のゴム輪の場合 1 本では弾力が足りないので，実際には 3 本ほど束にしてください．A が釘を打った方に，

またBが反対側にくるようゴム輪を糸巻きの穴に通します。これで糸巻き車の完成です。割り箸Bをぐるぐる回せばゴムがねじれ、ある程度巻いたところで手を離せば、ゴムの弾力のためBが回転します。ちょうどゴム飛行機のプロペラが回転するのと同じ要領です。装置全体を床の上におけば、全体が前進あるいは後退し、とにかく乗り物らしいおもちゃが実現します。へりに付けた刻みのため、糸巻き車は前途に多少の障害物があってもそれを乗り越えることができます。子供の頃、糸巻き車で遊んだのは戦時中でしたので、戦場を突進する戦車のイメージをもっていました。

　最近では、電池で動くモーター付きの自動車や戦車のプラモデルが市販されております。このようなモデルの場合、組み立てるという楽しみはありますが、部品はすべて規格品ですので、完成品は誰が作っても基本的には同じものとなります。これに対し上述の手作りおもちゃの場合には、例えば割り箸Bの長さを変えるとか、ゴム輪の本数を増やすとか、五円玉を2枚にするとか、各種の変化を与えるという創意工夫が可能で、個性あふれる作品が作れます。条件を変えたとき結果がどうなるかを調べるのは、物理を学ぶ上でも大切な点です。また、糸巻き自身にも工夫の余地があります。適当な糸巻きがない場合には、ボール紙をぐるぐる巻きにして木工用セメダインか木工用ボンドで接着させると胴体部分が作れます。同様に、タイヤに相当する部分も、ボール紙を重ね合わせて作ることができます。

ボール紙の利用

　ボール紙というと皆さんは何か弱々しい材質だとお思いになるかもしれませんが、決してそうではありません。この点に対し若干の

1 乗り物のおもちゃ　7

コメントを加えておきます．いまでは死語となってしまいましたが，かつてソリッドモデルというものがあり，そのキットがデパートなどで売られていました．このキットには木の部品が備わっていて，例えば飛行機の場合，胴体，主翼，プロペラなどを小刀と紙やすりで設計図通りに仕上げ模型を作り上げるわけです．大変面倒な仕事で，完成させるには相当な根気が必要です．私はドイツのハインケルという戦闘機，ユンカースという急降下爆撃機に挑戦しましたが，残念ながら，完成という段階までいきませんでした．ゼロ戦など日本の花形戦闘機は，軍事機密ということで戦時中キットはありませんでした．現在では，ソリッドモデルはプラモデルにすっかりその地位を奪われたという感じです．

　子供の頃読んだある雑誌に，ボール紙を使い軍艦のソリッドモデルを作るという記事が出ていました．船体や船橋は，何枚ものボール紙を重ね合わせこれらを糊付して作ります．また，大砲やマストなどは針金とか竹ひごで装備します．ボール紙を重ねる際どうしても不揃いになりますが，やすりを使ってこれを修正し，最後に全体にニスを塗るという方法です．ニスが乾くと木のような感じとなり，木で作ったモデルらしくなります．戦艦，航空母艦，巡洋艦，駆逐

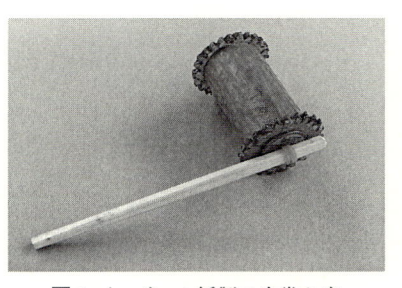

図 1.4　ボール紙製の糸巻き車

艦などのモデルをこの方法で作り，連合艦隊のミニアチュアとして悦に入っていました．現在でも旧日本海軍の軍艦のプラモデルは人気があるようですが，設計図とか写真があれば，上の方法を使いほとんど無料でモデルが作れます．物を作るということは結構楽しいものです．皆さんもひとつトライしてください．ご参考までに，ボール紙で作った自作の糸巻き車の写真を図 1.4 に示しておきました（釘の代わりに楊枝を利用しています）．

1.3　速さと速度

歩く速さ

　江戸時代の旅人はどれくらいの速さで歩いたかを考えてみます．当時は距離の単位として里を使っていましたが，日本橋から京都まで全体の里程は約 125 里でした．1 里はほぼ 4 km ですから，この距離は約 500 km という大変覚えやすい数値となります．1.1 節と同様，日本橋から京都まで 15 日かかるとすれば，500 を 15 で割り，1 日に進む距離は 33.3 km となります．1 日＝24 時間のすべてを歩くわけではなく，仮に 1 日のうち 8 時間歩くとすれば，人の速さは 33.3 を 8 で割り算し，時速ほぼ 4 km となります．人の歩く速さは 1 時間当たり 1 里とよくいわれていますので，この結果は妥当なものと思われます．

　歩く速さと関連し，私自身の経験に触れておきます．小学校時代に強歩大会という行事が開催され，小学 5 年のときこれに参加しました．戦火をかいくぐり，どういうわけかそのときの表彰状が手元に残っています．その文面には次のような古めかしい日本語がしたためてあります．「右者本市主催地域別学級単位児童強歩大會ニ於

テ堅忍持久，克ク十七粁ノ行程ヲ踏破スルヲ得タリ　仍テ茲ニ之ヲ賞ス」．この表彰状には東京市教育局長の今井時郎さんという方のお名前が記入してあります．当時は東京都になる前で，東京には市政が施行されておりました．確かこのときの所要時間は2時間46分と記憶しています．これから速さを計算すると17/2.766666…km/h＝6.14 km/h となり，時速ほぼ6 km です．

　強歩大会が行われたのは昭和16年12月7日の日曜日でした．この日付にピンとくる方もおられるでしょう．すなわち，その次の日に日本軍が真珠湾を奇襲し，太平洋戦争が勃発したのです．「大本営発表　本八日未明，大日本帝国陸海軍ハ西太平洋上ニオイテ米英両国ト戦闘状態ニ入レリ」というラジオのニュースを聞いてから登校したのですが，前日の強歩大会の後遺症はひどいものでした．足が痛く，引きずるようにしてやっと学校に到着したのをいまでもよく覚えています．堅忍持久はいいのですが，その代償は小さなものではありませんでした．江戸から京都に行くのにあまり張り切り過ぎると，上のような後遺症に悩まされます．それにしても，1日に30km 程度歩いた江戸の旅人の健脚ぶりには，いまさらながら感心させられます．

平均の速さ

　現代はスピードの時代です．SPEED という名の人気女性歌手グループが何かと話題になりましたが，これも時代の風潮の反映というべきでしょうか．それはそれとし，新幹線のぞみ号は東京－京都間513.6 km を138分で走行します．1分間に513.6/138 km＝3.72km 進みますから，1時間の間には3.72×60 km＝223 km だけ走り，のぞみ号のスピードは時速223 km であることがわかります．この

スピードは上で述べた人の時速 4 km のほぼ 56 倍になります．

　以上，江戸の旅人，強歩大会，新幹線などを題材に速さもしくは
スピードの議論をしてきました．この議論では，暗にものが同じ速
さで進むということを前提としています．もちろん，この前提は一
般には間違っています．江戸の旅人，強歩大会，新幹線などの場合，
いずれも走行するものの速さは，時々刻々変化していきます．これ
まで議論した速さは，このような変化を無視したいわば平均的な速
さです．それでは，ある瞬間における速さは，どう考えたらよいの
でしょうか．以下，この問題を考えていきます．

　簡単のため，電車が 1 つの直線上を運動する場合を考えます．こ
のような運動を**直線運動**といいます．実際の電車はカーブを切った
り，また飛行機は三次元空間を運動したりします．しかし，複雑な
ことは後回しにし，まず一番簡単なことを扱うという，一種の簡単
化あるいは理想化は，物理の考え方における重要なポイントの 1 つ
です．そこで，図 1.5 に示すように電車の適当な 1 点 P を選び，こ
の点で電車の位置を決めるとします．また，電車が運動する直線を
x 軸にとり，電車は図のように右向き（x 軸の正の向き）に進むと仮
定します．

　図 1.6 のように，x 軸上に適当な座標原点 O を選び，電車の位置
を x 座標で表します．ある瞬間に電車は点 A にいるとし，その座
標を x とします．これから時間 Δt だけ経った後，電車は点 B に到

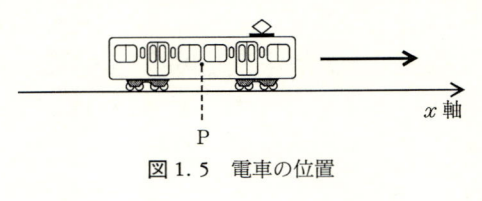

図 1.5　電車の位置

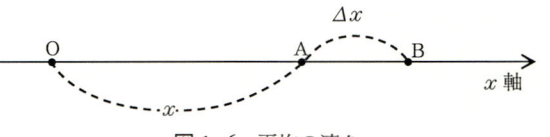

図 1.6　平均の速さ

達したとし，点 B の座標を $x+\Delta x$ とします．いまの場合，Δx は時間 Δt の間に電車が進んだ距離で

$$v = \frac{\Delta x}{\Delta t} \tag{1.1}$$

で定義される v を電車が A から B まで進む間の**平均の速さ**といいます．例えば，0.5 秒の間に電車が 7 m 進むとすれば，その間の平均の速さは，7 を 0.5 で割り算し，14 m/s となります．

単位と次元

　前述の江戸の旅人などの例では，時速何 km というように速さを表しました．物理の場合，長さをメートル(m)，時間を秒(s)で表すのがふつうです．長さは物理に現れる 1 つの量で，これを一般に**物理量**といいます．物理量を表す場合，単に数値を与えただけでは無意味です．例えば長さが 2 といっただけでは，それが 2 里なのか，2 m なのか，2 cm なのか判然としません．このように，物理量を決めるには，数値と同時に単位を指定することが不可欠です．この点は数学と違いますのでご注意願います．

　単位の選び方は，ある意味では個人の自由です．再び長さを例にとると，里，マイル，m，cm，インチなど自分の好みにあった単位を使えばよいわけです．しかし，物理が扱う問題は個人の好みを超越した普遍的なものですし，さらにもし知的な宇宙人がいればその

ような人にも通用する話です．このような点を考慮し，物理の場合，
国際的な単位系が決められています．現在の国際単位系(SI)では長
さ，質量，時間の単位として，それぞれ m, kg, s とすることが決め
られていますが，その頭文字をとりこの単位系を別名 **MKS 単位系**
といいます．この単位系における速さの単位は m/s です．なお，単
位を表すのに m というようにローマン(立体)の記号を使うことも
国際的に決められています．これに反し物理量を表す場合，例えば
長さは L，質量は M，時間は T というようにイタリック(斜体)の
文字を使用するルールとなっています．

一般に，物理量 W は a を数係数とし，上の L, M, T を使い

$$W = aL^{\alpha}M^{\beta}T^{\gamma} \tag{1.2}$$

と表されます．もっとも電流が入ってくると話が少々複雑になりま
すが，その点については後で述べます．数係数を除き(1.2)式を
$[W]=[L^{\alpha}M^{\beta}T^{\gamma}]$ と書き，指数 α, β, γ を基本量 L, M, T に関する
次元(ディメンション)といいます．とくに長さ，質量，時間自体に
対しては $[長さ]=[L]$，$[質量]=[M]$，$[時間]=[T]$ となります．
また，(1.1)式からわかるように速さは長さを時間で割ったもので
すから，$[速さ]=[長さ]/[時間]=[LT^{-1}]$ と書けます．速さの単位
には m/s, cm/s, km/h, m/分 など多種多様なものがありますが，
次元という概念を使えば，速さは長さを時間で割ったという普遍的
な意味が一目瞭然です．それだけでなく，次元という考え方は物理
の法則を理解するのに役立ちます．後の章でそのような例を紹介し
ます．

瞬間の速さ

(1.1)式で Δt を例えば 0.1 秒，0.01 秒，0.001 秒，…とどんどん小

さくし，$\Delta t \to 0$ の極限をとったとします．Δt を小さくするたびに図 1.6 で点 B は点 A に近づいていき，最終的に $\Delta x / \Delta t$ は点 A における速さを表すと考えられます．これを**瞬間の速さ**といいます．数学の方では以上の極限操作を**微分**と呼んでいます．歴史的には微分という数学的な演算は，このような瞬間的な速さを扱うために導入されました．

　大学レベルの物理では遠慮せずに微分を用いますが，本書は物理をなるべく楽しもうという主旨のものです．高校レベルでも物理の科目では微分を使わないことになっています．このような事情を考慮して，本書では微分という概念は使わないことにしましょう．微分は知らなくても物理の本質は十分楽しんでいただけると思います．ただ，瞬間の速さを考えるとき，(1.1)式の Δt は十分小さな量であるとご理解ください．

速　度

　図 1.5 の例では，電車が正の向きに進むと仮定しました．しかし，電車が左向きに進む場合には，電車の x 座標が減っていくので，(1.1)式の Δx は負となり，(1.1)式の v も負となります．このように，速さと同時にその符号を考慮したものを**速度**といいます．日常的には速さと速度は同じような意味で使われますが，物理の立場では両者は違い，厳密には速さとは速度の絶対値(大きさ)のことです．

　速さと速度をなぜ区別するか，不思議に思われるかもしれません．これには必然的な理由があるのですが，それについては改めて第 2 章で種明かしをします．

1.4 運動の第三法則

自動車の推進力

　自転車，自動車，電車，糸巻き車のどの場合でも，タイヤあるいは車輪の回転により水平方向の推進力が生じています．この辺の事情をもう少し詳しく考察しましょう．

　例として自動車を考えますが，図1.7のような向きにタイヤを回すと，タイヤは道路を蹴り道路に $-F$ という力を及ぼします．逆にその反動として道路は F という力を自動車に及ぼし，この F が自動車に対する推進力となります．これらの力の原因はタイヤと道路との間に働く摩擦です．雪道ではこの摩擦が小さくなりタイヤが空回りするため，それを防ぐのにタイヤにチェーンを巻いたりします．先ほどの乗り物のおもちゃの話で，糸巻き車でへりにぎざぎざを入れたのもまったく同じ理由からです．ここでは例として自動車を取り上げましたが，自転車や電車が進んだり，または人間や動物が歩いたり走ったりするときにも同じ事情が成り立ちます．

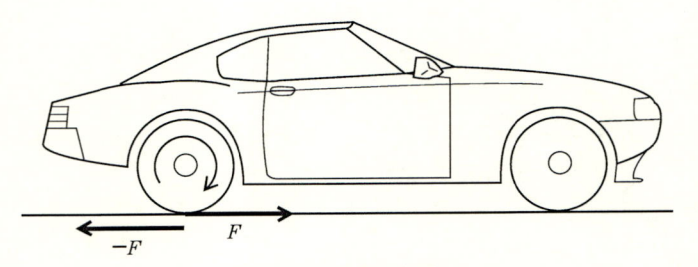

図1.7　自動車の推進力

運動の第三法則

　上で $-F, F$ と書きましたが，これにはそれなりの理由があります．といいますのは，このことは自動車が道路に及ぼす力と道路が自動車に及ぼす力は，大きさは同じだが向きは互いに逆になっていることを意味します．これを**運動の第三法則**といいます．あるいは，自動車が道路に及ぼす作用と道路が自動車に及ぼす反作用とは同じ大きさだが逆向きになっているという理由で，いまの法則は別名，**作用反作用の法則**と呼ばれます．

　運動や力に関する物理学の分野を**力学**といいますが，力学の基礎となるのが運動の法則です．これには第一，第二，第三の3つがあり，順序が逆転しましたが，ここでは第三が最初に出てきました．前の2つについてもこれから順次説明していきますが，これらの法則中，第三が一番わかりやすいと思います．例えば，手で壁を押したとき，押す力を大きくすればするほど，壁から強い力が働き，運動の第三法則が身をもって体験できます．100 m競争でスタートダッシュの際，人が足でスタート台を蹴ると，運動の第三法則により台は人に推進力を与えます．

　このように，運動の第三法則はスポーツと関係していますが，いくつかの例を考えてみましょう．ボート，スカル，カヤックなどではオールで水を漕ぎその反動を利用して船を前進させています．これも運動の第三法則の応用と考えられます．また，クロール，平泳ぎ，バタフライなどの水泳では，手足あるいは体をうまく使い，水を後方に押し，その反動で前に進んでいきます．その背後には，やはり運動の第三法則があります．ボートを漕いだり水泳をしたりしてスポーツを楽しんでいる人は，同時に運動の第三法則を通じて物理を楽しんでいるといえます．

常識的には，第一，第二，第三という言葉には次の2つの使い方があるようです．(1)単なる順番付けを表す場合．(2)重要度の順に並べるという場合．例えば，第三世界という用語は先進諸国に続く発展途上国を表し，(2)の意味で使われています．物理でも熱力学の第一法則，第二法則というものがあり，これについては第6，7章で説明します．実はこれ以外に熱力学の第三法則がありますが，かなり専門的な話ですので，普通の物理の教科書ではこの法則は取り上げていません．本書もそれに従うことにします．この場合の第三の使い方も(2)の意味になっています．これに対し，運動の法則では第一，第二，第三の使い方は(1)の意味だと思います．たまたま歴史上の事情で本章で説明した法則が第三になったというだけで，それが第一と呼ばれても決しておかしくはありません．運動の法則の場合，第一，第二，第三のいずれもが重要である点を強調しておきましょう．

2 リハビリの一工夫

　何らかの原因で足腰に障害をもち自分では起立できない人のリハビリのため，重力の物理的な性質を利用し，斜面台を使うという一工夫があります．ここでは簡単な実験で重力がベクトルの性質をもつことを確認します．また，ベクトルの基本的な事項，加速度，運動の法則などについて考察します．

2.1　重力との戦い

重力場

　わが国の社会は急激な老齢化を迎え，これに伴って寝たきり老人の数も年々増加しております．現在では，その数は全人口の 1% 程度であると推定されています．世界の各国では，適当なリハビリによってその数を減らすべくさまざまな努力が払われているようです．わが国でも，厚生省の寝たきり老人ゼロ作戦といった壮大なプロジェクトが進行中です(詳しいことはインターネット[1] で調べてください)．

　リハビリ，より正確にリハビリテーションとは，心身に何らかの障害のある人を健常者にするための訓練です．物理の立場でいいますと，1 つには重力との戦いがあると思います．無重力のスペースシャトルのラボ(実験室)内では「宙がえり　何度もできる　無重力」と読まれたように，重力の負担がないので体の不自由な方でも容易に移動が可能です．しかし，体に重力のかかる地表ではそうは

いきません．ちなみに，重力の働くような空間を**重力場**といいます．
宇宙飛行士の向井千秋さんは，上のような上の句に続くべき下の句
を公募されました．これは，「年をへし　糸のみだれの　くるしさ
に」と問いかけた源義家に対し，安倍貞任が「衣のたては　ほころび
にけり」と返歌した故事を思い出させます．「宙がえり　一度もでき
ぬ　重力場」という上の句に対し，皆さんはどんな返歌をするでし
ょうか．半分はジョークみたいなものですが，1つのアイデアとし
て「それにつけても　金の欲しさよ」とすればよいのです．「古池や
蛙飛び込む　水の音　それにつけても　金の欲しさよ」という和歌
は，何となく意味が通じるとは思いませんか．

重　心

　私たちは日常，重力場で生活しておりますが，体の各部分にはそ
れぞれ重力が働きます．これらを全部加え合わせた全重力について，
次のようなことがわかっています．この結論は，体だけでなく任意
の物体に対して成り立つことですが，物体にはその物体に固有な**重
心**という点があり，全重力を求めるにはその物体の全質量が重心に
集中すると考えればよいわけです．重力の大きさに関する定量的な
議論は後でしますが，さしあたり重心という点があることをご理解
ください．例えば，一様な細長い角柱が水平な台に垂直に立ってい
るとしましょう［図2.1(a)］．この場合の重心は角柱の中心ですが，
一様でなくとも適当な所に重心が存在するわけです．

　さて，図2.1(a)で仮に水平な台が突然消滅すれば，角柱は重力の
ため鉛直下向きに落下してしまいます．このように，仮に何かが起
こればどんな結果が得られるかを予想する，いわば頭の中で行う実
験は物理の理解に役立つことがあり，この種の実験を**思考実験**とい

2　リハビリの一工夫　19

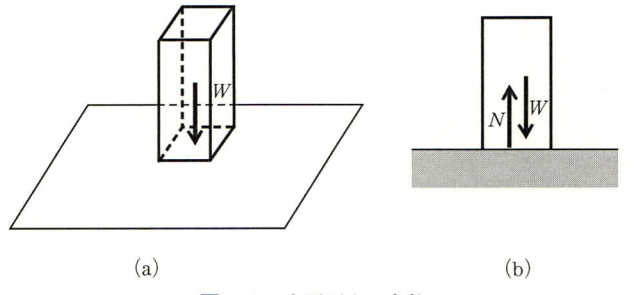

(a)　　　　　　　　　　　(b)

図 2.1　水平面上の角柱

います．水平な台上に角柱が立っているとき，とにかく角柱は落下しませんから，重力に逆らい，台から角柱に鉛直上向きの力が働くと考えられます．この力を**垂直抗力**といい，通常 N という記号で表します．重力を W とすれば，角柱を真横から見た場合，W と N とは図 2.1(b) のような関係になっています．もう少し詳しくいいますと，重力は鉛直下向き，垂直抗力は鉛直上向きで重力の大きさ W と垂直抗力の大きさ N とは等しくなっています．

　ここで，人がベッドに寝ているとしましょう．この人を真上から見て，縦横に方眼紙状の線を引き，図 2.1(a) のような角柱で人を分割したと想定します．もちろん現実に人体を切り刻むのはとんでもない話で，上の想定は一種の思考実験です．それぞれの角柱に働く重力の総和が人に働く全重力で，この全重力は鉛直下向きに向かい重心に作用します［図 2.2(a)］．角柱と同様に考えますと，ベッドは逆に垂直上向きに全重力と同じ大きさの垂直抗力 N を人に及ぼします．このような寝た状態では全重力を体全体で支えますので，重力はそれほど大きな負担にはなりません．ちなみに全重力と垂直抗力とは大きさは同じで互いに逆向きになっていますが，このような

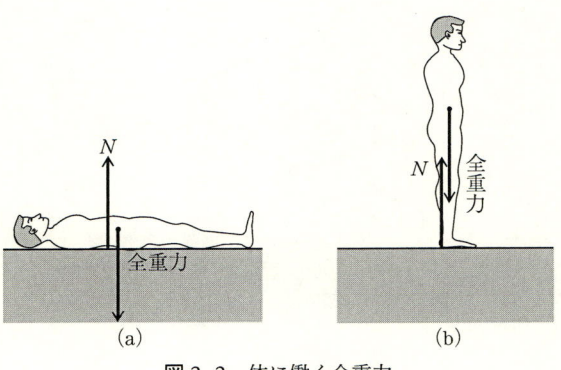

図 2.2　体に働く全重力

2つの力は釣り合っているといいます．一方，直立している場合には，人は図2.2(b)のように全重力を足の裏だけで支えます．健常者にとり，これはいわば日常茶飯事で，大した負担にはなりません．しかし，骨折やリューマチなどで骨，関節などに障害のある人にとっては大きな負担となり，体重を支え切れない状況となります．また長期間寝たきり状態の人の場合，足の筋肉が萎縮してしまい，歩行困難となります．このような人達が再び歩けるようになるためには，筋力強化により重力に打ち勝つことが必要です．

2.2　斜面台によるリハビリ

斜面台

　筋力強化のためのリハビリに一役買うのが，起立訓練ベッドです．すなわち，電動で傾斜させることのできるベッドを使い，自力では立てない障害者の起立が試みられます．この装置は斜面台とも呼ばれます(インターネット[2]を利用すると，斜面台の写真を見ることができます)．図2.3のようにベッドを水平面から角 θ（θ はギリシ

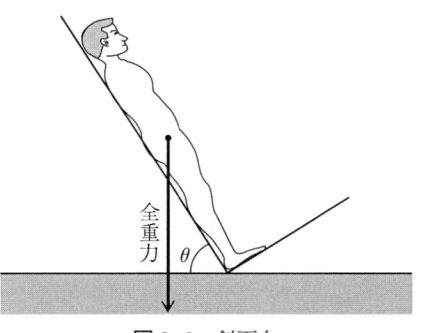

図2.3 斜面台

ア文字でシータと読みます)だけ傾け，ベッドに対し垂直になっている台で人は体重を支えます。角 θ が 90° だと，図2.2(b)の直立状態と同じになりますが，θ が 90° より小さいと，足にかかる全重力は直立の場合と比べ小さくなります。胃の X 線写真をとる場合，人の乗った台が傾きますので，斜面台らしい経験をした方もいらっしゃると思います。斜面台の原理を簡単な実験で確かめてみましょう。

　皆さんのご家庭には数百 g 程度の重さを測る秤が備わっていると思います。わが家にあるのは，1 kg まで測れるもので，郵便物などの重さを知るのに重宝しています。段ボールの空箱を縦に立てその底面に秤を置き，秤の上に例えば瓶などの物体を置いてその重量を測ります。物体を箱の側面に密着させながら，箱を傾けます。45°だけ傾けた状態を図2.4 に示しておきました。これは θ が 45° の場合に相当しますが，$\theta=90°$ という直立状態から θ を減らしていくと，秤の目盛りも減っていきます。直立では 215 g の重さをもつ瓶は，箱を 45° 傾けたとき 150 g になっていることがわかりました。斜面台の場合もこれと同じ原理で，ベッドを傾けることにより，足にかかる重力を軽減させ，次第に筋力をつけていくわけです。

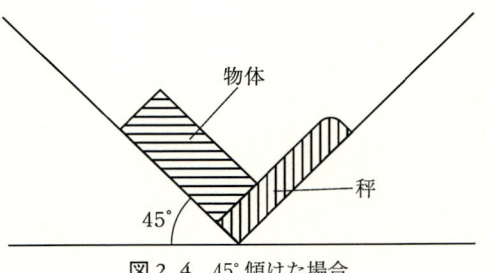

物体

秤

45°

図 2.4　45° 傾けた場合

重力の大きさ

　斜面台の原理を定量的に解明する前に，重力の大きさについて触れておきます．ある物体に働く重力の大きさを表すもっとも簡単な方法は，その物体の質量の後に重という一文字を付けることです．例えば，上述の 215 g の瓶には 215 g 重 の重力が働きます．あるいは，kg で表すと，この瓶の質量は 0.215 kg ですので，これに働く重力の大きさは 0.215 kg 重 となります．一般に，物体に働く重力の大きさをその物体の**重さ**といいます．

　日常的には，質量と重さとはそれほど区別しませんし，これまでの文章中でも両者を混用してきました．しかし，厳密には両者は異なる点に注意してください．以下，重さを W という記号で表します．なお，MKS 単位系における力の単位については 2.3 節で説明いたします．

力の分解

　重力をきちんと決めるためには，その大きさだけでなく，それが鉛直下向きに働くという方向，向きを指定する必要があります．このように，大きさ，方向，向きをもつ量は**ベクトル**と呼ばれ，物理の各方面の舞台に登場してきます．ベクトルの性質については後で

もう少し詳しく述べますが,さしあたりベクトルの方向に直線を引きその長さで大きさを,また直線につけた矢印でその向きを表すこととします.ベクトルなるものは初心者にとりなかなかの難物で,私自身も昔悩んだ思い出があります.それはともかく,上で述べた方向,向きについて一言コメントしておきましょう.方向と向きは同じように思えるかもしれませんが,実は異なる概念です.例えば,鉛直とは水平面と 90° をなす方向を意味しますが,それだけでは上向きか下向きかはわかりません.このため,方向以外に向きを指定する必要が生じます.しかし,以下の議論で方向,向きといちいち断るのは面倒なのでどちらかを省略することもあります.その点,ご承知おきください.

さて,一般に力は分解することができ,これを**力の分解**といいます.例えば,図2.3の人に働く全重力の場合,図2.5に示すように,全重力 W をベッドと同じ向きの W_1 とベッドと垂直な向きの W_2 とに分解できます.このような W_1, W_2 を**分力**あるいは**力の成分**といいます.W_1, W_2 は図に示すように,長方形を形成し,人が実際に感じる重力は W_1 となります.一方,W_2 に等しいだけの垂直抗力がベッドから人に働きます.図2.6のような直角三角形があるとき,それぞれの辺の長さを( )で表し,三角関数の定義を思い出しますと

$$\sin \theta = \frac{(対辺)}{(斜辺)}, \qquad \cos \theta = \frac{(底辺)}{(斜辺)} \qquad (2.1)$$

が成り立ちます.あるいは,(対辺)=(斜辺)$\sin \theta$,(底辺)=(斜辺)$\times \cos \theta$ となります.このような関係を利用すると,図2.5で W_1,W_2 はそれぞれ

$$W_1 = W \sin \theta, \qquad W_2 = W \cos \theta \qquad (2.2)$$

と表されます.前述の図2.4の場合,$\theta = 45°$ ですから,$\sin \theta =$

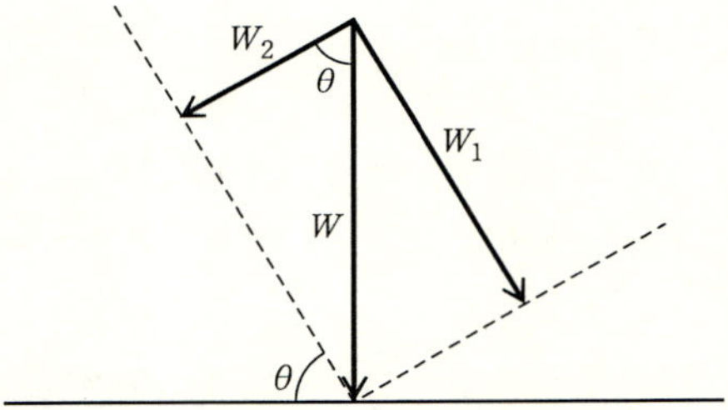

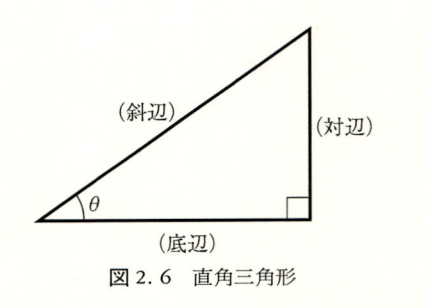

図2.5　重力の分解

図2.6　直角三角形

0.707 となり，$W=215$ とおくと $W_1=152$ が得られ実測値とよく一致することがわかります．θ の値をいろいろ変え，W_1, W_2 を測定すると，(2.2)の関係が成り立っていることが実証されます．ちなみに，リハビリの場合，$\theta=60°$ とすれば，$W_1=0.866\,W$ となり，13%ほど体重が軽減されることになります．

　上述の W_1, W_2 に関する話は，物理の考え方を提供するという意味で教訓的です．物理である問題を扱い，適当な推論や理論により1つの結論が得られたとします．その結論が正しいかどうかを判断するにはどうしたらよいでしょう．まず，推論が論理的に正しいことが要求されます．数学の分野だったらそれだけで十分かもしれませんが，物理の世界ではそれ以上に結論が現実を説明できるかどう

かが大きなポイントになります．名刑事コロンボも名探偵シャーロック・ホームズも確たる物的証拠がなければ犯罪は実証できません．物理もこれと同じで，結論を実証するためには実験結果とか測定結果という物的証拠が必要になるのです．

スカラーとベクトル

　質量 3 kg の物体と質量 4 kg の物体とを同時に秤に乗せれば，全体の質量は 3＋4＝7 というふつうの加え算により 7 kg と求まります．同様に，ある瞬間から 3 秒経った後，さらに 4 秒後を考えれば，始めの瞬間からは 7 秒経過しています．このように，通常の加え算が成り立つような物理量を **スカラー** といいます．質量，時間などはスカラーです．また，このような用語を使うと，1.3 節の終わりで述べた速さと速度の違いに関する疑問に答えることができます．すなわち，速さはスカラーですが，速度はベクトルなのです(速度がベクトルであることは第 3 章で詳しく説明します)．

　それでは，ベクトルの場合，加え算はどうなるでしょうか．以下，わかりやすい例として物体の変位すなわち位置の変化を考えます．

ベクトル和

　図 2.7 に示すように，人が起点 A から北向きに直線的に 3 m 歩き点 B に到達したとします．A から B に向かうベクトルは人の変位を表しますので，これを **変位ベクトル** といいます．ただし，このベクトルの大きさは移動距離に等しいとします．ところで，これまでベクトルを表現するのに的確な記号を使ってきませんでした．それについては，国際的な規約があり，ベクトルはイタリック・ボールドという太文字で表すことになっています．これに従い，A から B

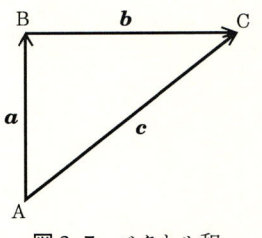

図2.7　ベクトル和

に向かう変位ベクトルを **a** と書きます．また，ベクトルの大きさ（絶対値）を表すときには，a あるいは $|a|$ といった記号を使います．ここで，点 B に達した人はさらに東向きに 4 m 進み，点 C に達したとします．この変位を表すベクトルを **b** とします．起点 A から終点 C まで人の歩いた長さは，3 m＋4 m＝7 m となり，これから長さはスカラーであることがわかります．

　一方，変位については，**a** の後 **b** という変位を行うと，起点 A から点 C に至るベクトル **c** の変位を実行したのと同じ結果になります．このことを

$$c = a + b \qquad (2.3)$$

と表し，ベクトルの加え算を定義します．また，上式の右辺を**ベクトル和**といいます．前述の例ではピタゴラスの定理を使うと，**c** の大きさは 5 m と計算されますが，これは上で述べた 7 m とは違います．一般に，ベクトル和の大きさは個々のベクトルの大きさの和に等しくないことにご注意ください．これまで例として変位ベクトルを扱ってきましたが，同じことは一般のベクトルに対しても成立すると考えます．

　以上，図2.7 では **a** と **b** とが互いに垂直になっている場合を考えました．より一般の場合でも同様で，図2.8 で示すように，A か

2　リハビリの一工夫　　27

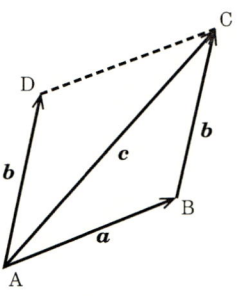

図 2.8　平行四辺形の法則

らBに至るベクトル a とBからCに至るベクトル b とのベクト
ル和 $a+b$ は，AからCに至るベクトル c に等しくなります．ある
いは，Bを起点とするベクトルを平行移動し，AからDに至るベク
トルを考えると，ABCD は平行四辺形となり，ベクトル和はその対
角線で与えられます．これを**平行四辺形の法則**といいます．図 2.5 は
この法則の特別な場合（平行四辺形が長方形になっている場合）に相
当します．とくに力を考えたとき，前に述べたように，a や b を分
力といいます．逆に，a と b とを加えることを**力の合成**，$a+b$ を**合
力**といいます．また，a と b とが釣り合っている場合にはこれらの
合力は 0 となり，力が働かないのと同じ結果になります．また逆に，

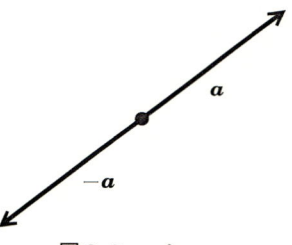

図 2.9　a と $-a$

図 2.9 に示すように $-\boldsymbol{a}$ は $\boldsymbol{a}$ と同じ大きさ，方向をもち，向きが逆になっているベクトルであることがわかります．

2.3 重力と加速度

質 点

図 2.3 の斜面台で，仮に人の足を支えている台が突然消滅すれば，人は滑り落ちてしまいます．もちろん，こんな事態は医療の現場であってはなりません．このような事態は前に述べた思考実験の一種です．いまの場合，思考実験などをもちださなくても，例えば滑り台を人が滑っている様子を想像すればよいでしょう．これから扱う問題は，水平面とある角をなす斜面上の物体の運動ですが，その議論に入る前に若干の注意を述べておきます．現実の物体は有限な大きさをもちますが，これを理想化し質量はもつが数学的には点とみなせるものを考え，これを**質点**といいます．質点にまつわる秘話を紹介しましょう．

わが国で最初にノーベル物理学賞を受賞されたのは湯川秀樹博士で，1949 年のことでした．私が旧制高校 3 年のときでしたが，この影響で大学の物理学科を志望する学生が急増し，湯川効果などとからかわれたものです．湯川先生は京都大学で力学の講義を担当されていましたが，私の先輩がそれにこっそり出席されたときの感想をお伺いする機会がありました．先生は黒板の前で白墨をもち「質点というものはほんまにあるのかいな」とつぶやかれ，しばし窓外の景色を眺めながら思索に耽っていらしたとのことでした．質点は湯川先生にとっても難問だったようですが，ここではとにかくそういうものがあるとし，話を進めていくことにします．

2　リハビリの一工夫　29

　質点は大きさをもちませんから，その重心は，当然のことながら
質点の位置そのものです．この質点に働く重力の大きさを W と書
きますが，質点の質量を m とすると，W は

$$W = mg \tag{2.4}$$

と表されます．すなわち，W は m に比例し，その比例定数が g で
す．g は**重力加速度**と呼ばれますが，その数値については 2.4 節で紹
介することにします．さしあたり重力は質量に比例すると理解して
ください．

加速度

　図 2.10 のように，水平面と角 θ をなす斜面上を質量 m の質点が
滑り落ちるとします．質点に働く重力 mg を斜面に垂直な成分
$mg \cos \theta$ と平行な成分 $mg \sin \theta$ に分解します．前者の成分は斜面
からの垂直抗力と釣合い，質点の運動には関係ありません．したが
って，事実上，質点は斜面に沿い，$mg \sin \theta$ という力を受けながら
運動します．ここで，θ を大きくすると，この力も大きくなります．
力が大きくなったとき，質点の運動状態はどのように変わるでしょ
うか．例えば，本の上に消しゴムを乗せ，本を斜面のように傾けて

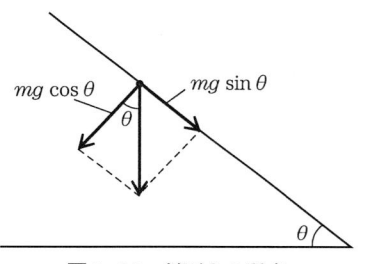

図 2.10　斜面上の質点

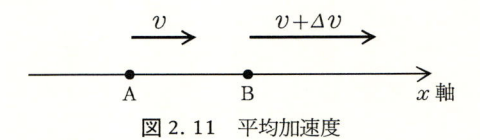

図 2.11 平均加速度

も，消しゴムはなかなか滑り落ちません．これは本と消しゴムとの間に摩擦が働くためです．しかし，ビー玉を乗せるとわずかに傾けただけでビー玉は滑り落ちます．その理由はビー玉は転がりやすく摩擦が小さいためです．θ が大きい，したがって力が大きいほどビー玉の運動は勢いよくなりますが，このような運動の勢いを表す1つの量が加速度です．

　自動車を運転している人が前の車を追い越すときには，アクセルを踏んで自動車を加速します．逆に，前方に障害物を発見した場合には，急ブレーキをかけ減速します．このような加速または減速の度合いを表すのが加速度です．いま，一直線(x 軸)上を運動する質点を考え，ある瞬間に質点は点 A にいるとしそのときの速度を v とします(図 2.11)．これから時間 $\mathit{\Delta} t$ だけ経過した後，質点は点 B にあり，そのときの速度が $v+\mathit{\Delta} v$ になったとします．時間 $\mathit{\Delta} t$ の間に速度が $\mathit{\Delta} v$ だけ増加しますが，このとき

$$a = \frac{\mathit{\Delta} v}{\mathit{\Delta} t} \tag{2.5}$$

で定義される a を A と B との間の**平均加速度**といいます．上式は前章の(1.1)式と同じような関係です．例えば，0.5 s の間に自動車の速度が 3 m/s だけ増加すれば，そのときの平均加速度は 6 m/s² となります．ここで m/s² を日本語ではメートル毎秒毎秒と読みます．ちなみに m/s の読み方はメートル毎秒です．平均加速度 a は符号をもち，それは $\mathit{\Delta} v$ の符号と一致します．例えば，上の例で 0.5 s

の間に自動車の速度が 3 m/s だけ減少するとすれば $\Delta v = -3$ m/s ですから，この場合の平均加速度は -6 m/s^2 と表されます．物理の場合，加速度という言葉はありますが，減速度という用語はありません．減速のときにはマイナスの加速度という概念を使います．

(2.5)式で $\Delta t \to 0$ の極限をとったものを**瞬間加速度**（あるいは単に**加速度**）といいます．これは，第 1 章で瞬間の速度を考察した場合と同じ事情です．加速度は速度を時間で割ったようなものですから，その次元に対して [加速度]＝[長さ]/[時間]^2＝$[LT^{-2}]$ の関係が成り立ちます．

2.4　運動の法則

運動の第二法則

斜面上のビー玉の運動に話を戻しますが，その加速度はこれに働く力が大きいほど大きくなることがわかります．ビー玉では，なおころがるために生じる摩擦（ころがり摩擦）が働きますが，ホーバークラフトと同様な実験装置を使い摩擦が無視できるときの実験結果から，次のようなことがわかります．

結果を質点に対して表しますと，質点の加速度 a はこれに働く力 F に比例し，質点の質量 m に反比例します．すなわち，比例定数を k とすれば

$$a = k \frac{F}{m} \tag{2.6}$$

となり，これを**運動の第二法則**といいます．国際単位系では上式の k が 1 になるよう力の単位を決めます．このように k を決めたとすれば，(2.6)式は

$$ma = F \qquad (2.7)$$

と書けます．これを**ニュートンの運動方程式**といいます．力 F がわかっているとき，この方程式を解いて質点の運動が決まります．個々の問題をどう解くかは物理の楽しみの1つかもしれませんが，一般的な解法について第3章で紹介します．

力の単位

(2.7)式は力の単位を決めるべき関係です．すなわち，同式から国際単位系では $m=1\,\mathrm{kg}$, $a=1\,\mathrm{m/s^2}$ のときが力の単位となることがわかります．この力の単位を**ニュートン(N)** といいます．いうまでもなくニュートンは英国の生んだ大物理学者で，その栄光にちなみ力の単位として彼の名が付いています．

例えば，2トンのトラックが $3\,\mathrm{m/s^2}$ の加速度で走っているときを考えてみましょう．1トン$=10^3\,\mathrm{kg}$ ですから，このトラックの質量は $2\times10^3\,\mathrm{kg}$ となり，自動車に働く推進力は $2\times10^3\times3\,\mathrm{N}=6\times10^3\,\mathrm{N}$ と計算されます．すなわち $6000\,\mathrm{N}$ です．

重力と運動方程式

質量 m の質点に働く重力は，(2.4)式により $W=mg$ と書けますので，これを(2.7)式に代入すると $a=g$ となります．これから，質点が**自由落下**するときの加速度は g であることがわかります．g が重力加速度と呼ばれるのは，このような理由によります．g の測定値は

$$g = 9.81\,\mathrm{m/s^2} \qquad (2.8)$$

で与えられます．例えば，2.2節で考えた $0.215\,\mathrm{kg}$ の瓶では $W=0.215\times9.81\,\mathrm{N}=2.11\,\mathrm{N}$ と計算されます．大体の目安として，質量を

kg で表しそれを 10 倍すれば N の値となります．身近なところで
は普通の大きさのみかん 1 個はほぼ 0.1 kg ですから，みかんを手に
すれば 1 N の力が実感できます．

　図 2.10 のような斜面を質量 m の質点が滑り落ちるとき，前述の
ように斜面に沿う重力の成分は，$mg \sin \theta$ と表されます．したがっ
て，摩擦などが働かない理想的な場合を想定すると，(2.7)式を斜面
方向に適用し $ma = mg \sin \theta$ が得られます．これから a は

$$a = g \sin \theta \qquad (2.9)$$

と表されます．とくに $\theta = 90°$ のときには $a = g$ となります．このと
き鉛直下向きに質点は落下運動を行うので，質点の運動は斜面の存
在とは無関係です．すなわち，この運動は重力場のもと，質点が自
由落下するときと同じです．一方，斜面に沿って質点が運動する場
合には，質点が斜面上にあるという制限が付きます．このような制
限を **束縛条件**，また束縛条件が課せられた運動を **束縛運動** といいま
す．質点が線上または面上に束縛されているとき，質点には線また
は面から束縛に必要な力が働きます．これを **束縛力** といいます．垂
直抗力は一種の束縛力です．

運動の第一法則

　(2.7)式からわかるように $F = 0$ であれば $a = 0$ で，質点は一定の
速度で運動することになります．一般に，物体に力が働かないとき，
その物体は静止したままか，あるいは一定の速度で直線運動を行い
ます．これを **運動の第一法則** または **慣性の法則** といいます．慣性は物
理だけに使われる用語ですが，これに近い日本語を探すと惰性とい
う言葉になると思います．物体はその運動を続けようとする性質を
もつわけで，この性質が慣性です．例えば，走行中の電車が急ブレ

ーキをかけると，乗客は前方につんのめるように感じますが，これ
はブレーキをかける前の速度で乗客は直線運動を続けようとするた
めです．すなわち，この現象は第一法則の現れとみなすことができ
ます．このようなつんのめりの体験をするとき，とっさに第一法則
のことを思い出してください．また，太陽系を脱出し宇宙空間に飛
び出した宇宙探査船は，ほとんど力を受けないので等速直線運動を
行います．これはまさに運動の第一法則そのものです．運動の第一
〜第三法則を総称し，**運動の法則**といいますが，この法則で力学的
な現象はすべて理解されるものと考えられております．

3　ジャンプの力学

　ハイジャンプに対する1つのモデルを導入し，簡単な実験を行った後，運動方程式を利用して現象の解析を行います．また，三次元空間中を運動する質点の運動に注目し，位置ベクトル，運動方程式などについて論じます．また，この方程式の原理的な解法について言及します．

3.1　ジャンプあれこれ

スポーツとジャンプ

　サッカーのヘディングによる得点は見事なものです．とくに，高いジャンプの結果，相手選手の頭越しにボールが飛んでいきそれがネットをゆらす場面に遭遇すると，ヘディングした選手のファンではなくても拍手したい気持ちになります．バレーで2mを越す大男が空中高く舞い上がり，相手のコート目がけて矢のようなスパイクを放つのは，バレーの醍醐味というべきでしょう．また，ホームランだと思った大飛球が，塀際でジャンプした野手によってとられてしまうシーンを見ることがあります．打たれたピッチャーはホッとするでしょうが，打者はそれこそがっくりです．日本人初の大リーグ野手としてイチロー選手は大活躍中ですが，ホームラン性の大飛球を見事にキャッチすることがあります．これにちなみ彼につけられたニックネームがWiz Ichiro(魔術師イチロー)とのことです．いまでは，テレビのファインプレー特集として，米国の大リーグや日

本のプロ野球での魔術師的なプレーがよく見られます.

　サッカー，バレー，野球などのスポーツでジャンプの善し悪しが勝敗を左右するのは多いにありうることです.

ハイジャンプ

　スポーツの世界ではジャンプそのものが競技の対象となります.いうまでもなく，三段跳び，棒高跳び，ハイジャンプ，スキーのジャンプなどです.現在では見る影もなく凋落してしまいましたが，かつて三段跳び，棒高跳びなどのジャンプ競技はわが国のお家芸でした.2000年のシドニー・オリンピックでは高橋尚子選手が女子マラソンで見事金メダルを獲得し，日本中が興奮のるつぼと化しました.これより64年前，1936年ベルリンで開催されたオリンピックでは，田島直人が三段跳びで金メダルをとりました.また西田修平，大江季雄の2名が棒高跳びの2位，3位となり，銀，銅のメダルをわけ合った友情物語りは有名な話です.当時私は6歳の幼稚園児でしたが，残念ながらこのオリンピックの記憶はありません.ただ，日本人選手の活躍の影響でしょうか，近所の子供達と竹の棒を使い棒高跳びの真似事をして遊んだのを覚えています.

　ハイジャンプにも1つの思い出があります.1955年頃健康を害してしばらく入院していましたが，同じ病室に成田さんという方がいました.この方は私の旧制高校の先輩で6尺(180 cm)ほどの背丈があり，かつてはインターハイのハイジャンプの記録保持者でした.成田さんは半年近くベッドの上で寝たきりの生活を続け，いざ立ち上がるというとき，ご自慢の足の筋肉が萎縮してしまい，しばらくリハビリをされていた記憶があります.リハビリについては第2章で触れましたが，当時はいまのような装置がなく，成田さんはベッ

図 3.1　背面跳び((株)ミズノ提供)

ドの回りで歩行訓練をされていました．そもそも，当時はリハビリという言葉自身が現在のように使われていませんでした．成田さんが記録を作った頃はハイジャンプも正面から跳ぶ方法でしたが，その後，背面跳びが開発され，現在ではもっぱらこの跳び方が主流のようです．背面跳びの様子を見ていると，人間はこんな運動もできるのかと感嘆させられます(図 3.1)．背面跳びほど見事ではありませんが，私たちも膝を折り曲げそれを急に伸ばし地面を強く蹴れば，数十 cm 程度は空中に跳び上がることができます．この場合，膝を急激に伸ばすことが大切で，緩慢に伸ばしたのではジャンプはできません．ジャンプをするには急激な変化が必要で，緩慢な変化では駄目です．

3.2　ジャンプのモデル実験

　ジャンプは力学における好個の研究対象です．しかし，背面跳びのような体の複雑な運動をまともに扱うのは大変難しい問題です．

図 3. 2　ゴルフ・ボールのジャンプ

そこで，ジャンプの本質を解明できるような簡単なモデルを考えて
みましょう．まず，誰にでもできる次のような実験をしてみます．
手のひらに何か物体を乗せ，ゆっくり物体を持ち上げます．この場
合には，物体は手のひらからジャンプすることはありません．しか
し，手を急激に上げて静止させると，物体は手のひらから離れて跳
び上がります．このようにして，1つのジャンプに関するモデル実
験ができました．手のひらをゆっくり上げるときでも，その手のひ
らを急に止めるとごくわずかですが，物体はジャンプします．この
ようなモデル実験は，実際のハイジャンプとは似ても似つかないか
もしれませんが，急激な変化ではジャンプが起こるが，緩慢な変化
では起きないという本質的な様相は同じです．図3.2は，ゴルフ・
ボールを手のひらからジャンプさせる，放送大学で行った私の授業
の様子[1] を示しています．

　上述のモデル実験は，ある意味で物理の考え方を示唆しておりま
す．この点について，フレンケルという物理学者が次のようなこと
をいっています．すなわち，物理の目的は，与えられた現象につい
てマンガを描くということです．マンガ家は，ある人物を描写する

のに精密な写真のような絵を描くわけではありません．しかし，それでいてその人物の特徴をうまく記述しています．サザエさんにしてもドラえもんにしても，その絵はとても簡単ですが，キャラクターの個性を見事に表現しています．物理もこれと同じで，現象の微に入り細にわたった記述を試みるのではなく，そのもっとも本質的な性質をできるだけ誇張して記述すればよいわけです．現象の本質を明らかにするようなマンガを描くことは，場合によっては難しい問題かもしれませんが，物理を楽しむ1つの方法です．

運動方程式と垂直抗力

上記のモデルを解析するため，手のひらを水平に保ちながら鉛直方向に運動させる場合を考えます．図3.3のように鉛直上向きに z 軸をとり，z 方向の手のひらの加速度を a とします．物体の質量を m とすれば，物体が手のひらに留まっている限り，物体は手のひらと同じ運動をします．すなわち，この場合の運動は束縛運動です．物体に働く重力 mg，垂直抗力 N の両者を考慮すると，物体に対する運動方程式は

$$ma = N - mg \tag{3.1}$$

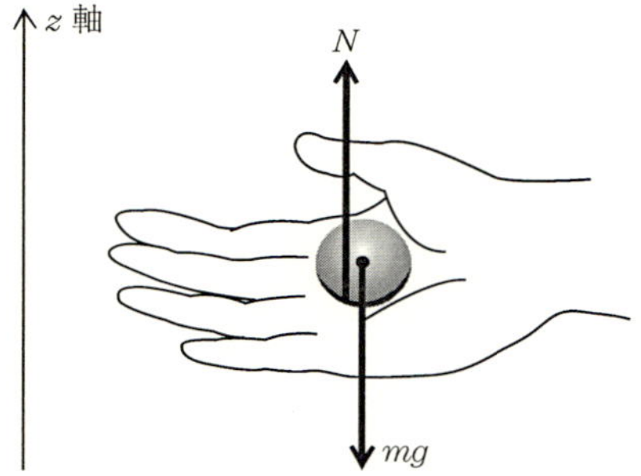

図3.3 手のひらの上の物体

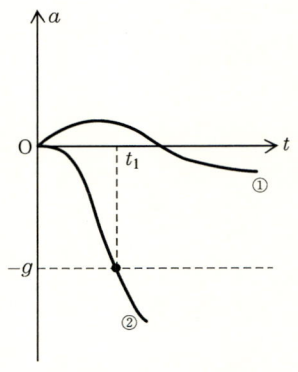

図 3.4　ジャンプの条件

と書けます．ただし，重力は鉛直下向きに働き z 軸の正方向と逆向きですので，$-$ の符号を付けました．このように運動方程式を導くとき，力の符号を考慮する必要がありますのでご注意ください．とくに手のひらが静止しているときには $a=0$ が成り立ち，(3.1)式から $N=mg$ であることがわかります．これは，静止状態では重力と垂直抗力が釣り合っていることを意味します．

　物体が手のひらの上に留まっているためには，垂直抗力が重力に逆らい鉛直上向きでなければなりません．すなわち，N は正であることが要求されます．逆にいうと，N が 0 になった瞬間に物体は手のひらから離れジャンプすることになります．(3.1)式から N は

$$N = m(g+a) \qquad (3.2)$$

と求まりますので，物体がジャンプするための条件は

$$a = -g \qquad (3.3)$$

と表されます．例えば，手のひらの加速度 a を時間 t の関数として図示したとき，それが図 3.4 の①のような曲線で表されるとすれば，この場合は(3.3)式の条件を満たさないため物体はジャンプしませ

ん．しかし，曲線②の場合には，図に示した時刻 t_1 で物体は手のひらからジャンプします．時刻 t_1 まで物体は手のひらの上にあるという束縛運動を行いますが，t_1 以後はこのような束縛を離れ自由運動を行うこととなります．

δ 関数

ジャンプのモデル実験で手のひらを一定の速度 v_0 で持ち上げ，ある時刻 t_1 で急にそれをストップさせたとします．この場合，手のひらの速度 v は図 3.5(a) のように表されます．t_1 の近傍では急激な状態変化が起きますが，物理ではこのような現象を**過渡現象**と呼んでいます．t_1 のところで急激に v が減少しますので，加速度 a は負となり，図 3.5(b) のように a は下向きの鋭いピークをもつことになります．v の変化が急であればあるほどこのピークは下の方に伸びていき，当然 (3.3) 式の条件を満たします．つまり，どんなにゆ

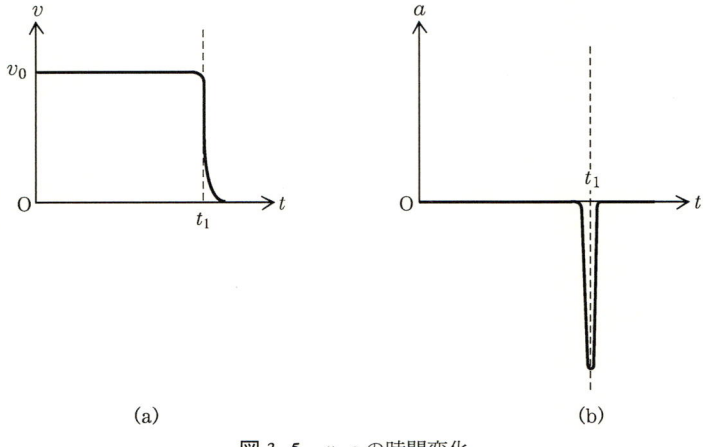

(a)　　　　　　　　　　　　(b)

図 3.5　v, a の時間変化

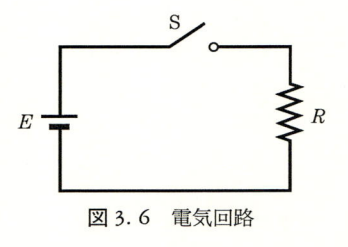

図 3.6 電気回路

っくり手のひらを上げても，それが急に停止すればその瞬間にジャンプが起こるわけです．

図 3.5(b)に示した関数をもう少し押し進めていくと，δ 関数という概念に到達します．δ 関数は，イギリスの物理学者ディラックが量子力学の定式化のため導入したものです．少々脱線するかもしれませんが，量子力学について簡単な説明を加えておきましょう．ニュートンが樹立した力学と後の章で述べるマクスウェルの電磁気学を**古典物理学**と呼んでいます．かつては古典物理学ですべての物理現象が理解できると思われていましたが，20 世紀に入ると古典物理学では説明不可能な現象が発見され，古典物理学から量子力学へという一種の革命が起こりました．ディラックは量子力学の建設に大きく寄与し，その功績により 1933 年ノーベル物理学賞を受賞しています．δ 関数の詳しい話は本書のレベルを超えていますが，基本的なアイデアはこれまでの話の延長線上にあります．そこで参考のため δ 関数の説明を加えておきましょう．もともとディラックは電気工学を専攻し，その後物理学へと転身した学者です．これにちなみ，以下，電気回路で δ 関数を考えることにします．

図 3.6 のように起電力 E の電池に電気抵抗 R を接続した電気回路があるとします．スイッチ S を切った状態では回路に電流が流れませんが，ある時刻 t_1 でスイッチを入れるとその瞬間に電流が流れ

3 ジャンプの力学　43

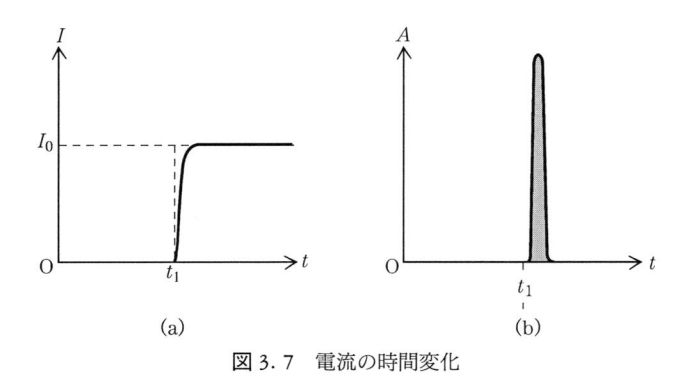

図 3.7　電流の時間変化

ます．電流が一定値に達したとき，その値 I_0 は

$$I_0 = \frac{E}{R} \tag{3.4}$$

と表され，これを**オームの法則**といいます．結局，回路に流れる電流 I を時間 t の関数として描くと図 3.7(a) のようになります．この図は図 3.5(a) で時間の流れを逆に辿ったような形をもち，このため加速度 a に相当する電流の時間変化を表す A は，図 3.7(b) のように t_1 のところで上向きの鋭いピークとして表されます．同図で灰色の部分の面積を 1 に保ち，ピークの幅を 0 に近づける極限をとるとピークの高さは ∞ となります．このような極限の結果得られる関数を $\delta(t - t_1)$ と書きますが，それがディラックの δ 関数です．

　ディラックは電気工学の分野で過渡現象に慣れていたので，δ 関数の導入も自然の成り行きだったと想像されます．しかし，当時の物理学者にとりこのような奇妙な関数は，それこそ奇妙な存在と映ったでしょう．しかし，その後 δ 関数は便利な関数として市民権を獲得し，現在では物理のいわば常識となっています．異文化の移入が学問の発展に大きな貢献をもたらした一例だと思います．なお，

44

δ関数は，超関数[2]という概念により数学的にも厳密に扱われるようになりました．

3.3 位置ベクトル

少々堅苦しい話が続きましたので，ここらで一息いれましょうか．いわば気分のリハビリで，その一環として，大空を悠々と羽ばたく鳥を想像しましょう．鳥のように飛びたいな，というのは人類古来の夢でしたが，1903年ライト兄弟により飛行機が発明され夢が実現しました．それからほぼ100年間の飛行機の発展には，まさに目を見張るものがあります．私が5,6歳の頃，叔父が蒲田に住んでいましたが，周辺には田畑が広がり，はるかかなたの羽田飛行場の上空とおぼしき所では，複葉の飛行機が急降下爆撃の訓練をしていました．その頃，飛行機に乗った経験のある人はほんの一握りの少数派でした．現在では，逆に飛行機に乗ったことがないという方が少数派でしょう．

位置ベクトルと変位ベクトル

これまで，主として直線運動を扱ってきましたが，これは一次元的な運動です．もちろん，実際の物体の運動は平面上で二次元的であったり，また飛行機のように三次元空間で起こったりします．以下，簡単のため質点を考えることにし，一般的な運動について考察しましょう．まず，何らかの方法で質点の位置を決めなければなりませんが，次のようにします．空間中に適当な原点Oを選び，Oを起点とし質点の位置Aに至るベクトルrを導入し，rの大きさはOA間の距離に等しくとります（図3.8）．このようなベクトルは質

3　ジャンプの力学　45

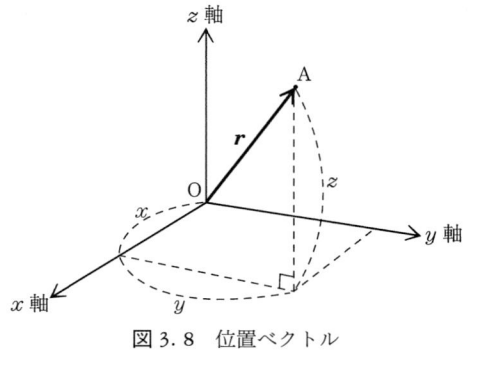

図3.8　位置ベクトル

点の位置を決めるので，それを**位置ベクトル**といいます．点 O は都
合のよいように選べばよく，選び方に特別なルールはありません．
しかし，いったん決めたら最後までそれを守る必要があります．途
中で決め方がくるくる変わるようでは困ります．具体的に r を決め
るには図のように O を原点とする座標系を導入し，点 A の座標 x,
y, z を指定すればよいわけです．x, y, z の値は任意に選ぶことがで
きますが，このことを数学の方では x, y, z はそれぞれ**独立変数**であ
るといいます．また，x, y は任意に変えられるが，x, y を決めたと
き z が決まるような場合，x, y を独立変数，z を**従属変数**といいま
す．結局，空間中の r を決めるには 3 つの変数が必要であるという
ことになります．

　一見したところ，位置ベクトルは変位ベクトルと同じように思わ
れるかもしれませんが，実は次のように微妙な点で違います．変位
ベクトルの場合，例えば，北向きに 3 m と指定すれば，変位は一義
的に決まります．変位ベクトルの起点は自由に選べるという意味で，
これを**自由ベクトル**と呼びます．それに反して，位置ベクトルでは
起点の位置が決められており，いわば起点に束縛されているような

ベクトルとなります．このような意味で位置ベクトルを**束縛ベクトル**と呼びます．なお，一般のベクトル A の場合には，図 3.8 の r を A と読み替え，ベクトルの先端から x 軸に垂線を下ろして原点 O から垂線の足までの距離を $|A_x|$ とし，この足が x 軸の正方向にあるときには $A_x > 0$，負方向にあるときには $A_x < 0$ ととります．このような A_x を，A の x 軸に下ろした**正射影**とか，A の x 成分といいます．y, z 方向でも同様に A の y, z 成分，A_y, A_z を考えることができます．これらの関係を

$$A = (A_x, A_y, A_z) \qquad (3.5)$$

と表すこともあります．図 3.8 から位置ベクトル r の x, y, z 成分が点 A の x, y, z 座標であることがわかります．位置ベクトルと同様，A_x, A_y, A_z はそれぞれ独立ですから，一般のベクトルを決めるにも 3 つの変数が必要になります．

速度と加速度

質点が図 3.9 の点線で示したような軌道を描いて運動するとし，微小時間 Δt の後に質点は点 A から点 B に変位したとします．この変位を表す変位ベクトルを Δr と書くと，ベクトル和を用い点 B の位置ベクトルは $r + \Delta r$ と表されます．(1.1)式と同様

$$v = \frac{\Delta r}{\Delta t} \qquad (3.6)$$

とし，これを AB 間の**平均速度**といいます．また，$\Delta t \to 0$ の極限をとったものを点 A における**速度**または**速度ベクトル**といいます．図 3.9 からわかるように，v の方向，向きは点 A における質点の進行方向，その向きと一致します．また，v の大きさは点 A での質点の速さを表します．

3　ジャンプの力学　　47

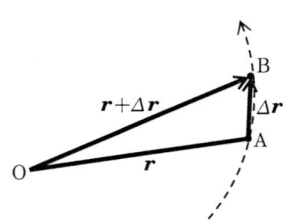

図3.9　位置ベクトルと変位ベクトル

　同じようにして，点A, Bにおける速度をそれぞれ $v, v+\Delta v$ と
したとき

$$a = \frac{\Delta v}{\Delta t} \qquad (3.7)$$

で定義される a をAB間の**平均加速度**といいます．さらに，$\Delta t \to 0$
の極限をとったものが点Aにおける**加速度**です．最後に運動方程式
を考えると，一般的に力はベクトル F として表され，(2.7)式を一
般化した関係として

$$ma = F \qquad (3.8)$$

が得られます．

3.4　運動方程式の解法

　力学の基礎方程式はこれまで説明してきたように，(3.8)式の運
動方程式です．力 F がわかっているとき，この方程式から質点の位
置ベクトル r が時間の関数として決定できれば，質点の軌道が決ま
り力学の問題が解けたことになります．個々の場合に応じ，適当な
方法で方程式を扱います[3][4]．以下，具体的な例に立ち入らず，運動
方程式の一般的な解法について考えていきましょう．

　これまでの議論で，本来なら時間間隔 Δt を 0 とする極限をとる

わけですが，その一歩手前を想定し Δt は十分小さいが有限である
と仮定します．例えば一例として $\Delta t = 0.1$ s とおきます．v, r はそ
れぞれ時間の関数ですが，これらを以下 $v(t), r(t)$ と書きます．
(3.6)式で $\Delta r = r(t + \Delta t) - r(t)$ が成り立ちますが，このように時
間が Δt だけ増加したときの差に相当する量を**差分**といいます．差
分を使うと(3.6)式は

$$\frac{r(t + \Delta t) - r(t)}{\Delta t} = v(t)$$

となり，これから

$$r(t + \Delta t) = r(t) + v(t)\Delta t \qquad (3.9)$$

が得られます．同様に(3.7), (3.8)式から，一歩手前の方程式として

$$\frac{v(t + \Delta t) - v(t)}{\Delta t} = \frac{F}{m}$$

と表され，これから $v(t + \Delta t)$ は

$$v(t + \Delta t) = v(t) + \frac{F}{m}\Delta t \qquad (3.10)$$

と求まります．(3.9), (3.10)式のような関係は差分という考えから
導かれたので，これらを**差分方程式**といいます．

　一般に力 F は r, v, t の関数ですから，Δt の値が与えられたと
き，時刻 t における r, v が決まると(3.9), (3.10)式から時刻 $t + \Delta t$
における r, v が計算されます．例えば，前述のように $\Delta t = 0.1$ s と
おけば 0.1 s 後の状態がわかり，以下，芋づる式にその後の状態が決
まります．すなわち，塵も積もれば山となるといった具合で質点の
軌道が決まるわけです．ただし，このような議論をする際，時刻の
最初における r, v の値を指定する必要がありますが，これを**初期条
件**といいます．とくに，最初の時刻における速度 v_0 は**初速度**と呼ば
れます．初期条件を設定する際，前述のように一般にベクトルを決

めるのに3つの値が必要ですから，r, v の両方を考えると計6つの値を指定しなければなりません．適当な初期条件から出発し，(3.9), (3.10)式を繰り返し利用してそれ以後の r, v を求めて，$\Delta t \to 0$ の極限をとれば原理的に方程式の解が一義的に決まります．すなわち，最初の状態が指定されると，それ以後の質点の運動が決まってしまうわけで，このことを**因果律**が成り立つといいます．原因が与えられると結果もわかるという意味で，このような用語が使われます．

一次元の運動では，上と同様な議論により(3.9), (3.10)式に対応して

$$x(t+\Delta t) = x(t) + v(t)\Delta t \tag{3.11}$$

$$v(t+\Delta t) = v(t) + \frac{F}{m}\Delta t \tag{3.12}$$

という差分方程式が得られます．例えば計算機を利用し x, v を求めようとすると，実際には誤差が蓄積していき，信頼するべき結果を求めるのが困難となります．このため，計算機を応用する場合にはもっと能率のよい方法[5] を利用しています．

4 弓の名手たち

弓を引くことを例にして力のする仕事について考え，運動エネルギーの増加分は力のした仕事に等しいという関係を説明します．また，力学的エネルギー保存則について考察します．物理の立場でエネルギーをどう理解するのか，その正確な認識ができるようになることを期待しています．

4.1 何人かの名手

鉄砲が発明される前，弓は飛び道具として戦場で活躍しました．黒澤映画の『七人の侍』とか『乱』では，矢が人体に命中する物凄くも迫力あるシーンが現れます．古今東西を通じ，弓の名手ともいうべき歴史上の人物が何人かいました．日本では，鎮西八郎 源 為朝，那須与一，西洋ではウィルヘルム・テル，ロビン・フッドなどの名が思い浮かびます．源為朝は身の丈 7 尺というもののふで，常人が引けないような強弓を引きこなしたと伝えられています．押し寄せる軍船を弓で射って，その船を沈めたという話も残っています．物理的には，いくら強い弓でも船を沈めることは不可能だと思いますが，これも話を面白くするための後世のフィクションなのでしょうか．

弓のシミュレーション

子供の頃，街をちょっと歩くと弓の練習場に出会いましたが，現

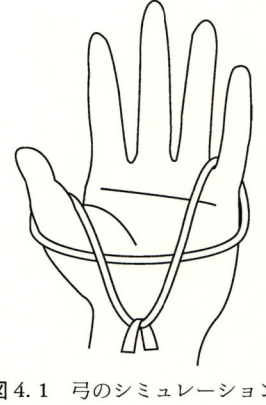

図 4.1 弓のシミュレーション

在では街中で簡単に弓の練習をするわけにはいきません。しかし，弓のシミュレーションは簡単で，図 4.1 のようにゴム輪に手の親指と小指を通し，この輪の一か所を小さな紙片で挟み，一方の手でこれを引っ張り手を離せば，紙片は数 m 程度飛んでいきます。同じ紙片を手で投げたとき，飛んだ距離はほぼ同程度です。

　簡単な実験ですから皆さんも確かめてください。小さなゴム輪が意外なパワーを秘めていることが納得できるでしょう。本章の最後では，弓の同じような威力について考えてみます。

4.2　仕　　事

仕事の定義

　弓を引くとき，弓の弾力に抗する力を加えながら矢を移動させる必要があります。同様に，重力場で物体が自由落下しているときには重力の向きに物体が移動します。このように，物体に力が加わり物体が動いたとき，力は物体に**仕事**をしたといいます。または逆に，

4 弓の名手たち　　53

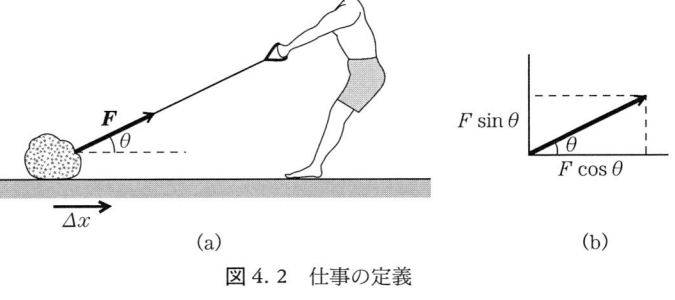

(a)　　　　　　　　　　　　　　　(b)

図4.2　仕事の定義

物体は力によって仕事をされたといいます．日常会話でも仕事という言葉はよく使われ，例えばひと仕事したので汗をかいたなどといいます．物理でいう仕事もこのような日常的な常識に近いといえますが，ひと仕事だけでは定量的な意味がありませんので，物理の立場では仕事をきちんと定義する必要があります．

　仕事の定義を考えるため，図4.2(a)のように地面においてある石をロープでひっぱり，F の力で石を地面に沿い $\varDelta x$ の距離だけ移動させたとします．F と移動方向とのなす角を図のように θ とし，図4.2(b)のように F の水平方向の成分 $F\cos\theta$，垂直成分 $F\sin\theta$ を考えます．もし，石が地面から離れないとすれば，石をひっぱるのに実際に役立つのは前者の成分だけです．力のする仕事は，$F\cos\theta$ の大きいほど，また $\varDelta x$ の大きいほど大きくなると考えられますので，仕事を定義するとき両者の積をとります．すなわち，石を距離 $\varDelta x$ だけ移動させたとき力のした仕事 $\varDelta W$ を

$$\varDelta W = F\cos\theta\cdot\varDelta x \tag{4.1}$$

と定義します．

(4.1)式については若干の注意が必要です．まず，実際に石をひっぱろうとすると，石がごろごろ転がったりして話が面倒になります．そこで厳密には，物体の大きさを無視し，つまり質点を考えて仕事を定義します．また，質点の移動に伴い，大幅に F とか θ が変わりますと，どの値をとればよいかわからなくなってしまいます．そこで移動の間中，F, θ はほぼ一定と仮定します．逆にいうと，F, θ はほぼ一定とみなしてよいくらい Δx は小さいということです．

仕事の単位

(4.1)式で質点が力の向きに移動する場合には，$\theta=0$ でありcos $\theta=1$ となります．また，F は一定とすれば，上で述べたような注意は不必要で，Δx を有限だと思ってかまいません．すなわち，質点に一定の力 F が働き力の向きに質点が x だけ移動したとき，力のする仕事 W は $W=Fx$ となります．これから，1 N の力を加えその力の向きに質点を 1 m 移動させたときが仕事の単位であることがわかります．この単位を**ジュール**(J)といいます．すなわち1 J＝1 N・m の関係が成立します．ジュールはイギリスの物理学者で，仕事の単位は彼の業績にちなみ命名されましたが，その点については第 6 章で説明します．

次に，仕事の次元を考察しましょう．力は質量と加速度の積ですから，その次元は [力]＝[質量][長さ]/[時間]^2＝$[LMT^{-2}]$ と表されます．一方，仕事は力と長さの積ですから [仕事]＝[質量][長さ]^2/[時間]^2＝$[L^2MT^{-2}]$ と書けます．したがって，J＝kg・m^2/s^2 と表すこともできます．

4 弓の名手たち 55

仕事の例

図 4.3 に示すように，質量 m の質点が地表から見た高さ x の点 A から鉛直線に沿い自由落下し点 O に達したとします．質量に働く重力は mg ですので，質点が A から O まで移動する間に重力のする仕事 W は

$$W = mgx \tag{4.2}$$

と書けます．

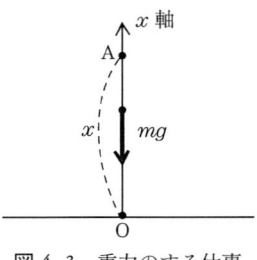

図 4.3　重力のする仕事

例えば，5 kg の物体に働く重力の大きさは 5×9.81 N $= 49.05$ N ですから，この物体が鉛直下方に 5 m 落下するとき，重力のする仕事は 49.05×5 N・m $= 245.25$ J と計算されます．

仕事の正負

図 4.2 で実際に石をひっぱる場合，角 θ は 0° より大きく 90° より小さくなります．このため $\cos \theta > 0$ となり，力のする仕事も正です．図 4.2 のような例に話を限らず，一般に質点の移動する向きと力の向きとのなす角を θ とし，質点を距離 $\varDelta x$ だけ移動させたとき，力のした仕事 $\varDelta W$ を(4.1)式で定義します．例えば，質点が鉛直上向きに運動するとき，質点の移動する向きと重力とはちょうど逆向きで $\theta = 180°$，したがって $\cos \theta = -1$ で重力のする仕事は負と

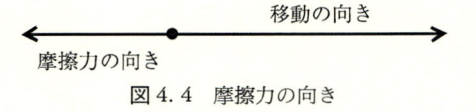

移動の向き

摩擦力の向き

図 4.4　摩擦力の向き

なります．このため上の例で，物体が 5 m 上昇するとき重力のする仕事は −245.25 J と表されます．質点に摩擦が働くと，摩擦力は質点の運動を妨げますので，図 4.4 のように摩擦力の向きは移動の向きとちょうど逆向きになります．このため，摩擦力のする仕事はいつも負です．同様なことは，抵抗力についても成り立ちます．

　ちなみに，水平面上を質点が移動するとき，垂直抗力は移動の向きと垂直ですので $\theta=90°$，したがって $\cos \theta=0$ で垂直抗力のする仕事は 0 となります．常識的には仕事は正の量というイメージをもちますが，物理でいう仕事は正負の符号をもつ点にご注意ください．

4.3　位置エネルギー

重力の位置エネルギー

　建物の工事現場でうっかりミスのため工具が落ちてきたり，台風で屋根の瓦が落下したりします．たまたまそれが下を通った人にあたると，人は思わぬ大怪我をします．高所にある工具や瓦はそのままの状態なら人を傷つけることはありません．しかし，それが地表に落ちてくると人身に怪我を負わせるという一種の仕事をします．このようにすぐには仕事はしないけれど，やらせればできるという潜在的な能力を物理の方面では**エネルギー**といいます．日常的にはエネルギー資源，エネルギー危機というように，エネルギーという言葉は私たちの生活に定着してまいりました．石油や石炭はそのま

までは仕事をしませんが，自動車や列車を走らせる能力，すなわちエネルギーをもっています。このような点で，エネルギー**資源**という言葉は物理の面から見ても正しい使い方です。

　高い所にある物体は低い所にある物体に比べると大きなエネルギーをもちますが，物体の位置に関係したこのようなエネルギーを一般に**位置エネルギー**といいます。高所にある物体は，なぜ大きなエネルギーをもつのでしょうか。それは，物体を高所に移動させるにはなにがしかの仕事を加える必要がありますが，その仕事分だけエネルギーが増加したためです。いま，図 4.3 で点 O にある物体を，点 A まで重力に逆らいもちあげるとします。例えば，釣り糸で魚を釣るときのように，物体に糸をつけて上昇させるとしましょう。物体には鉛直下向きの重力 mg が働いていますから，糸を最低限 mg の力で上方にひきあげる必要があります。物体をもちあげる糸の力が mg よりちょっと大きいと，物体は上向きの加速度をもつようになります。しかし，このような問題を扱うとき，糸の力は事実上 mg に等しいとし，力の釣合いを保ったまま物体を移動させると考えます。このような状態変化は気体の膨張や圧縮を論じるときよく使われ，**準静的過程**と呼ばれます。

　準静的過程では糸が物体に及ぼす力は mg ですから，物体を O から A まで糸のする仕事，すなわちもちあげる人のする仕事 U は

$$U = mgx \tag{4.3}$$

となります。地表から高さ x の所にある物体は地表に比べ(4.3)式の分だけ大きなエネルギーをもつわけで，これを**重力の位置エネルギー**といいます。上記の U は仕事と同じ次元をもちますので，当然その単位は J です。質量 5 kg の物体が高さ 5 m に位置するときには，先程と同様 U は 245.25 J と計算されます。

58

　上で述べたエネルギーの議論は，身近なお金のやりとりと比べるとわかりやすいと思います．ある人が 1000 円もっていれば，その人は 1000 円のものを買う能力があります．なんらかの方法でこの人が 200 円かせげば，この人の能力は 200 円アップします．エネルギーでも同じことで，与えられた仕事の分だけエネルギーが増加すると考えればよいわけです．

弾性の位置エネルギー

　重力では力の大きさは一定ですが，弓を引く場合，弓の弾力は弦の位置によって変化します．この場合の位置エネルギーを調べるため，図 4.5(a) のように自然の状態にある弓を考え，弦と垂直な方向に x 軸をとります．この状態から図 4.5(b) のように弦を長さ x だけ引いたとし，このとき弓の及ぼす弾力の大きさを F とします．x が小さいうちは，F は x に比例し

$$F = kx \qquad\qquad (4.4)$$

と表され，この関係を**フックの法則**といいます．通常，弾力の問題を考えるときにはバネを対象としますので，定数 k を**バネ定数**といい

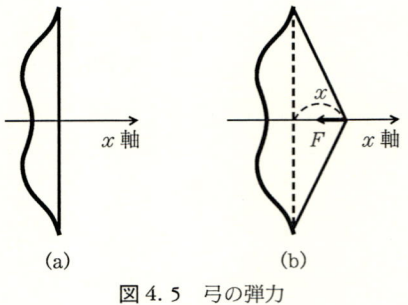

(a)　　　　　　　　(b)

図 4.5　弓の弾力

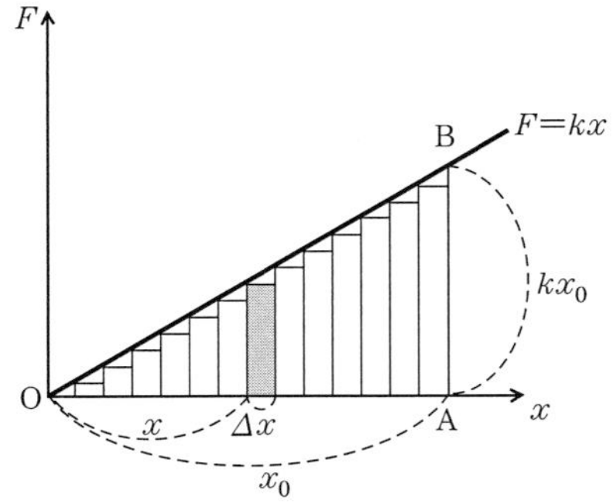

図 4.6　位置エネルギーの計算

ます。(4.4)式からわかるように，バネ定数の単位は N/m です。

　準静的過程を適用すると，弦を伸ばすには，人は弾力に逆らって kx の力を図 4.5 で右向きに加える必要があります。このため，弦を x から $x+\Delta x$ に伸ばすのに人が行う仕事 ΔW は，$\Delta W = kx\Delta x$ となります。図 4.6 のように，F を x の関数として図示すると，この ΔW は図中の灰色の長方形の面積に等しくなります。したがって，最初の状態($x=0$)から弦をひっぱり x_0 まで伸ばすのに必要な仕事は，このような長方形の面積の総和で与えられます。この総和は，Δx を小さくとり分割を十分細かくすると，底辺が x_0，高さが kx_0 の三角形(図 4.6 の △OAB)の面積に等しくなります。この面積は $kx_0^2/2$ と書けますから，弦を x_0 だけ伸ばしたとき，その位置エネルギー U は

$$U = \frac{1}{2} kx_0^2 \tag{4.5}$$

と表されます。これを**弾性の位置エネルギー**といいます。

　ここでフックについて一言コメントを加えておきましょう。フッ

クはニュートンより7歳の年長者ですが，各種の原因により両人の間には抜き差しならない確執が生じました．フックの死後，ニュートンはフックにまつわるすべて(肖像，手紙，科学機器，建造物など)を抹消したといわれています．かろうじてフックの法則でフックの名が生き延びたのは幸いというべきですが，近年フックの業績が再評価されつつあるとのことです．

位置エネルギーの基準

　以上，質点を適当な出発点からある点まで移動させるのに人のする仕事という考えで，位置エネルギーを議論しました．その際，出発点の選び方は本来任意であり，一義的に決まるわけではありません．例えば，重力の位置エネルギーを考えるとき，地表から高さ1mの点を出発点にとってもかまいません．このように，一般には位置エネルギーの値は基準の選び方によって違います．この種の位置エネルギーの任意性は，物理的には重要な意味をもちません．というのは，実際には位置エネルギーの差だけが問題になるからです．この点をはっきりさせるため，人のする仕事ではなく質点に働く力のする仕事を考慮することにしましょう．そうして点A，点Bにおける位置エネルギーをそれぞれ U_A, U_B と書き，これらは

$$U_A - U_B = W(A \to B) \qquad (4.6)$$

の関係で定義されているとします．ここで，$W(A \to B)$ は質点がA→Bという移動をしたとき力のする仕事です．重力の場合にはB点を地表にとり，そこで $U_B = 0$ とすれば(4.3)式が得られます．同様に，弾力では $x = 0$ を基準にとり，そこで $U_B = 0$ とすれば(4.5)式が導かれます．

4.4 運動エネルギー

弓から勢いよく放たれた矢とか，スピード走行する自動車は人体を傷つけたり，物体を破壊したりします．このように，運動する物体はエネルギーをもちますが，それを文字通り**運動エネルギー**と称します．ダンプカーは軽自動車より，また市内のドライブより高速道路上の方が，この破壊の能力は増えます．このような考察から，運動エネルギーは質量と速さの両方に係わっていることがわかります．ニュートンは運動の勢いを表す量として，物体の質量 m とその速さ v の積を考えました．この量は現在では**運動量**と呼ばれ，その大きさを普通 p の記号で表します．すなわち $p = mv$ です．運動量の次元は [運動量]＝[質量][長さ]/[時間]＝$[LMT^{-1}]$ となり，これは前述の仕事の次元とは異なります．というわけで，運動量は運動エネルギーを記述するのにふさわしい量ではありません．

ヤングというイギリスの物理学者は 1807 年，mv^2 という量を運動エネルギーにとることを提唱しました．実際，この量は正しい仕事の次元をもっています．彼はまたエネルギーという用語を使ったのですが，その用法は定着しませんでした．しかし，ヤングは光の干渉実験を行い，その方面では高く評価されています．これについては第 12 章で紹介します．エネルギーという語法が定着したのは，イギリスの物理学者トムソンが発表した 1851 年の論文以後のことです．この論文はニュートンの死後 124 年にあたります．意外なことですが，ニュートンはエネルギーという言葉を知りませんでした．ちなみに，トムソンの原理は熱力学の第二法則と呼ばれ，これについては第 7 章で触れます．トムソンは爵位を授与された後ケルビン

と改名しました．絶対温度を表す K の記号はケルビンの頭文字を
とったものです．

運動エネルギーの定義

質量 m の質点が v の速さで運動しているとき，その運動エネル
ギー K は正確には

$$K = \frac{1}{2} mv^2 \tag{4.7}$$

と定義されます．ヤングが提唱したのと $1/2$ だけ係数が違いますが，
これは，いわばお金の収支計算を正確に行うためです．以下，その
点について説明していきましょう．

運動エネルギーと仕事

ある軌道上を運動する質量 m の質点を考え，時刻 t で質点は点
A にあるとし，このとき質点が運動する方向に x 軸をとります［図
4.7(a)］．また，質点に働く力 $\boldsymbol{F}$ と x 軸とのなす角を θ とします．
微小時間 $\varDelta t$ 経過した後の時刻 $t+\varDelta t$ において質点は $\varDelta x$ だけ変位
して点 B に達したとし，点 A, B における速度をそれぞれ $v, v+\varDelta v$
とします［図4.7(b)］．ただし，$\varDelta t$ は十分小さいとし，曲線 AB は
近似的に直線で表されるとします．点 A, B における運動エネルギ
ーを K_A, K_B と書けば，(4.7)式の定義により，質点が A から B に
移動したときの運動エネルギーの増加分は

$$K_B - K_A = \frac{1}{2} m[(v+\varDelta v)^2 - v^2]$$

と表されます．平方に関する公式 $(v+\varDelta v)^2 = v^2 + 2v\varDelta v + (\varDelta v)^2$ を
利用すると $(v+\varDelta v)^2 - v^2 = 2v\varDelta v + (\varDelta v)^2$ と計算されます．$\varDelta v$ は v

4　弓の名手たち　　63

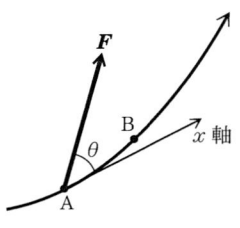 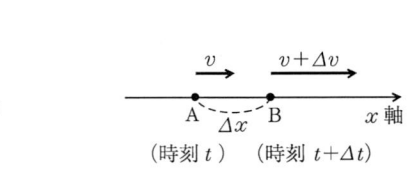

(a) (b)

図 4.7　運動エネルギーと仕事

に比べ十分小さいと仮定していますので，この関係で $(\Delta v)^2$ の項を無視することができ，$K_\mathrm{B}-K_\mathrm{A}=mv\Delta v$ が得られます．定義にあった 1/2 と平方から現れる 2 とが，ちょうど打ち消しあう点にご注意ください．

　ニュートンの運動方程式の x 成分を考慮すると力の x 成分は $F\cos\theta$ と書けますから，$m\Delta v/\Delta t = F\cos\theta$ です．また v は $v = \Delta x/\Delta t$ と表されます．これらの関係を利用すると，上述の方程式は

$$K_\mathrm{B}-K_\mathrm{A} = F\cos\theta\Delta t\,\frac{\Delta x}{\Delta t} = F\cos\theta\Delta x \qquad (4.8)$$

となります．(4.8)式の右辺は A から B まで質点が移動したとき力のする仕事ですから，(4.6)式と同様な記号を用いると

$$K_\mathrm{B}-K_\mathrm{A} = W(\mathrm{A}\rightarrow\mathrm{B}) \qquad (4.9)$$

が得られます．上式は，$W(\mathrm{A}\rightarrow\mathrm{B})$ の仕事の分だけ運動エネルギーが増加することを意味します．こうして，エネルギーの収支計算のつじつまがあうことが示されました．ヤングのように運動エネルギーに 1/2 の係数がないと，こんなうまい話にはなりません．(4.7)式の定義に 1/2 が必要な理由がわかったと思います．

有限な変位

上の議論では A から B まで質点が直線上を微小変位するとしましたが，同じ結論は曲線に沿った有限な変位の場合でも成立します．これを見るため，図 4.8 に示すように質点はある経路を描いて始点 C から終点 D まで運動するとします．CD 間に $0, 1, 2, \cdots, N-1, N$ という点をとり，この間を N 個の部分に分割したと想定します．ただし，分割は十分細かいとし，点 i から次の点 $i+1$ に至る経路は直線とみなせるとします．点 i における運動エネルギーを K_i，i から $i+1$ に質点が移動したとき力のする仕事を W_i とすれば，(4.9)式を利用し $K_1-K_0=W_0$, $K_2-K_1=W_1$, $K_3-K_2=W_2$, $\cdots$, $K_N-K_{N-1}=W_{N-1}$ が得られます．これらの式をすべて加えると，左辺で K_1, K_2 などは次々と消えていき，最終的に K_N-K_0 となります．一方，右辺で $W=W_0+W_1+W_2+\cdots+W_{N-1}$ は，質点が点 C から点 D まで運動したとき，力のする仕事の総量 $W(\mathrm{C}\to\mathrm{D})$ を表します．K_0, K_N はそれぞれ始点，終点における運動エネルギーK_C, K_D を意味しますから

$$K_\mathrm{D}-K_\mathrm{C} = W(\mathrm{C}\to\mathrm{D}) \qquad (4.10)$$

の関係が導かれました．すなわち，運動エネルギーの増加分は力の

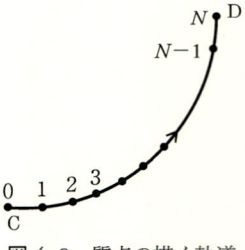

図 4.8　質点の描く軌道

した仕事に等しいことが一般的に成立します.

運動エネルギーの例

硬式野球のボールの質量は，0.145 kg と定められています．松坂投手や佐々木大魔神のような速球派の投手が，時速 150 km でボールを投げたとします．このスピードを MKS 単位系に翻訳すると 41.7 m/s となります．したがって，このボールの運動エネルギーは

$$K = \frac{1}{2} \times 0.145 \times 41.7^2 \, \text{kg} \frac{\text{m}^2}{\text{s}^2} = 126 \, \text{J}$$

と計算されます.

4.5 力学的エネルギー

エネルギーには各種の種類があり，これについては第6章で説明します．このうちもっとも基本的なエネルギーは力学的エネルギーで，それは運動エネルギー K と位置エネルギー U の和として定義されます．すなわち，力学的エネルギー E は次式で与えられます.

$$E = K + U \tag{4.11}$$

力学的エネルギー保存則

力学的エネルギーのもつ重要な性質として，摩擦などが働かないと運動の間中，質点の力学的エネルギーは一定に保たれます．これを**力学的エネルギー保存則**といいます．まず始めに，図4.7(b)に示した微小変位を考えますと，(4.6), (4.9)式により $U_A - U_B = K_B - K_A$ が得られます．したがって，A, B における力学的エネルギーをそれぞれ E_A, E_B と書けば，$E_A = E_B$ が成り立ちます．次に，図4.8で隣

接する点にこの関係を適用すると，$E_0=E_1$, $E_1=E_2$, $E_2=E_3$, …，$E_{N-1}=E_N$ となります．E_0, E_N はそれぞれ点 C, D における力学的エネルギー E_C, E_D を意味し，結局

$$E_C = E_D \qquad (4.12)$$

の関係が得られました．このようにして，質点の力学的エネルギーは一定に保たれることがわかりました．力学的エネルギーのように運動の間中，一定に保たれる量を**運動の定数**といいます．このような言い方をすれば，力学的エネルギーは運動の定数となります．

摩擦と抵抗

以上の議論で質点に摩擦などは働かないと仮定しましたが，その理由について触れます．重力や弓の弾力の場合，場所が決まれば力も決まり，このため質点が A→B に移動するときと B→A へ移動するときとでは力のする仕事は符号が逆転します．なぜなら Δx は移動距離ですので両者で同じ，F も同じですが，質点の進行方向を逆にすると図 4.7(a) で $\theta \to 180°-\theta$ となり，$\cos\theta \to -\cos\theta$ と変換されるためです．すなわち，質点の移動する向きを逆転させると力のする仕事の符号も逆転し

$$W(\mathrm{B} \to \mathrm{A}) = -W(\mathrm{A} \to \mathrm{B}) \qquad (4.13)$$

となります．(4.6)式で A⇄B という入れ替えを行うと左辺の符号が逆転しますが，これと(4.13)式とは話のつじつまがあっているわけです．一方，前に述べたように，質点に摩擦や抵抗が働くとき，これらの力のする仕事はいつも負で，その結果，(4.6)式は成立しえません．すなわち，A→B でも B→A でも(4.6)式の右辺は負でこのため同式が成り立たないわけです．この関係から力学的エネルギー保存則が導かれたのですが，摩擦や抵抗のある場合，そもそも(4.

4 弓の名手たち　67

6)式が成り立たないため，保存則もだめというわけです．摩擦があるときのエネルギーの収支については，第6章で考えます．

力学的エネルギー保存則の応用

力学的エネルギー保存則は，具体的な力学の問題を解くのに有効に利用できます．このような例を以下2つ紹介します．

①**質点の鉛直打ち上げ**　図4.9に示すように，質量 m の質点を鉛直上方に初速度 v_0 で打ちあげたとします．高さが x のときの速度を v とすれば，力学的エネルギー保存則により $(1/2)\,mv^2 + mgx =$ 一定 となります．打ちあげの瞬間では $x=0,\ v=v_0$ ですから，上式の一定値は $(1/2)\,mv_0^2$ と求まります．したがって，m は全体の表式から消え $v^2 + 2gx = v_0^2$ が得られます．質点が最高点に達したとき $v=0$ となりますので，最高点の高さ x_0 は

$$x_0 = \frac{v_0^2}{2g}$$

と書けます．例えば，初速度が時速 150 km だと $v_0 = 41.7\,\mathrm{m/s}$ で g

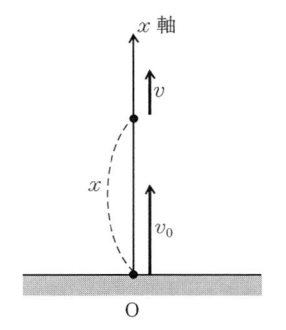

図4.9　鉛直上方に打ちあげた質点

$=9.81\,\mathrm{m/s^2}$ などの数値を代入し x_0 は $89\,\mathrm{m}$ と求まります．すなわち，ボールを時速 $150\,\mathrm{km}$ で鉛直上方に投げあげると，ボールはほぼ $90\,\mathrm{m}$ の高さまで達するわけです．

②弓の弾力　本章の主役の 1 つは弓でしたので，最後に弓の弾力について考え，弓に矢をつがえ時速 $150\,\mathrm{km}$ で矢を水平方向に放つには，どの程度の弾力をもった弓が必要かを計算してみます．弓を最大限に引いたときから矢が弓を離れるまでを考慮すると，矢の高さは一定ですから，エネルギー保存則を適用する際，重力の位置エネルギーは忘れてもかまいません．問題とするべき力学的エネルギーは，矢の運動エネルギーと弓の弾力の位置エネルギーの和となります．矢の質量を m とし図 4.5(b) の状態での矢の速度を v とすれば，力学的エネルギー保存則は $mv^2/2+kx^2/2＝$ 一定 と表されます．実際は矢が長さをもっていますが，直線上を運動するときには矢を質点とみなすことができます．なぜかといえば，矢を細かく分割したとし，Δm の質量をもつ微小部分を考えるとその運動エネルギーは $v^2\Delta m/2$ と書け，これをすべて加えると $mv^2/2$ となるからです．

　x が x_0 のところで静かに手を放すとすれば，矢の初速度は 0 ですから，上の一定値は $(1/2)\,kx_0^2$ となります．また，$x=0$ で矢が弓から離れると考えられますので，このときの矢の速度を v_0 とすれば一定値は $(1/2)\,mv_0^2$ とも書けます．この一定値は両者等しいはずで，それから $k=mv_0^2/x_0^2$ が得られます．したがって，弓を最大に引いたときの弓の弾力 F_0 は

$$F_0 = kx_0 = \frac{mv_0^2}{x_0}$$

となります．例えば，1 つの目安として $m=30\,\mathrm{g}=0.03\,\mathrm{kg}$，$v=$ 時

速 150 km＝41.7 m/s，x_0＝0.8 m という数値を上式に代入すると，F_0＝65.2 N と計算されます．これはほぼ 6.5 kg の物体に働く重力に相当します．すなわち，7 kg 程度の物体を持ち上げる腕力があれば弓を利用し，プロ野球のピッチャー並の高速の矢が打てるという勘定になります．弓の威力は大したものといえましょう．

5 けん玉入門

　物体の回転は各所に見られる現象ですが，本章ではその力学について考えます．角運動量保存の例として，けん玉のもっとも簡単な遊び方をとりあげます．それについで，等速円運動，向心力，角運動量，慣性モーメントなど，回転と関連した事項を解説し，最後に電子のスピンを紹介します．

5.1 回転の数々

物体の回転

　私たちの身の回りには，物体の回転する様子が数多く観測されます．自動車や自転車のタイヤ，電車の車輪，一昔前のレコード，CD，電気洗濯機のモーター，時計の針，ボーリングの球などなど枚挙にいとまがありません．地球規模のスケールになりますと，台風の風の回転，地球の自転，太陽の回りの地球の公転などがありますし，宇宙規模では銀河系も回転を行っています．逆に，ミクロの世界では，例えば水素原子の場合，1個の陽子の回りを1個の電子が回転するというモデルが使われています．

　このような回転のスピードはものにより千差万別で，力学の対象として回転はさまざまな様相をもつといえます．第4章までは主として直線運動する物体を扱ってきましたが，回転運動する物体の力学にはそれなりの特色があります．本章では物体の回転について考えていきましょう．

けん玉の遊び方

「お正月には　凧あげて　こまを回して　遊びましょ」という歌があります．おもちゃには物体の回転を利用するものがいくつかあり，こま以外にヨーヨー，けん玉など，それに変わり種として万華鏡があります．万華鏡では筒を回すたびに次から次と美しいパターンが現れますが，これは鏡による光の反射を利用した装置で，物理を楽しむには絶好のおもちゃです．けん玉で回転運動を実感するには，万華鏡と違い若干の訓練が必要です．以下，その点について述べますが，その前に，けん玉といってもぴんとこない方もいらっしゃるかもしれませんので，多少の解説を加えておきます．

けん玉は図5.1のような構造をもち，大中小の皿と1つのけんをもっています．玉が糸で吊り下がっていますが，この玉には穴があいています．たったこれだけの構造ですが，その遊び方は多種多様です．日本けん玉協会という組織があり，そのホームページ[1]には各種の遊び方が紹介されていますので，興味のある方は参考にしてください．一見したところ，玉をふりあげ大きなお皿にのせるのが

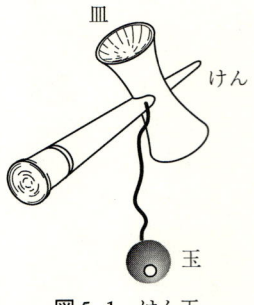

図5.1　けん玉

一番簡単なように思えますが，初心者にとっては案外難しい遊びです．小学校4年生の頃，母の弟は大学生でしたが，次のような遊び方を教えてくれました．それは玉を皿にのせるのではなく，玉の穴をけんに入れることです．

玉をぶらさげて玉に回転を与え，糸をねじってしばらく放置しておきます．糸のねじれが最大となり，今度は玉が逆回転を始めた頃，玉を鉛直に投げあげ，狙いすまして玉の穴にけんを入れるのです．私は生まれて初めて，いまの方法を利用しけん玉の遊びに成功しました．この方法はいわばけん玉に関する一種の裏技ですが，まず最初に，物理の法則というより私たちの体験に基づく話からスタートしましょう．

回転に対する慣性

すでに運動の法則として，第2章で慣性の法則について説明しました．この法則は，物体はその運動を続ける性質，すなわち慣性をもつことを意味します．ところで，皆さんの中には自転車に乗る方が多いと思います．誰でも体験することでしょうが，自転車に乗り静止した状態で自転車を直立させようとしてもなかなかうまくいきません．バランス感覚に富んだ軽業師のような人でしたらそれも可能でしょうが，常人にとっては至難の技です．しかし，自転車を走らせれば，倒れずに自転車を立っている状態に保てます．これは回転するタイヤはその状態を続けるという性質，つまり回転にも慣性があるためです．けん玉でも同じ事情で，玉に回転を与えると，玉はその回転状態を保とうとします．すなわち，玉の穴はなるべく鉛直の方向を向こうとしているので，そのすきをねらって穴をけんに入れるという作戦を使うわけです．なお，このような回転の慣性は

74

角運動量保存則と関係していますが, その点については後で触れることにします.

5.2 等速円運動

けん玉の玉の回転を調べるため, 図1.5 と同様, 玉中の任意の点を考え, その運動を考察します. 1つの前提として, この点は一定な半径をもつ円の上を運動すると仮定します. 点の運動する速さは一般には時間とともに変わっていくでしょうが, もっとも簡単な場合として速さは一定とします. このような円運動を**等速円運動**といいます. 等速円運動は物体の回転を扱うための基本的な出発点です. 以下, 等速円運動について考えていきましょう.

角速度
図5.2 に示すように, 質点が xy 面上で原点 O を中心とする半径 r の円上を等速円運動すると仮定します. 時刻 t で質点は図の点 A にあるとし, x 軸からの回転角を図のように θ とします. この θ は

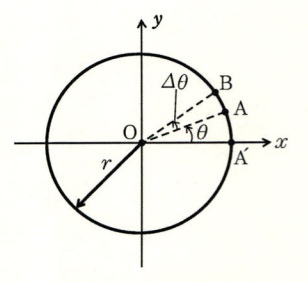

図 5.2 等速円運動

直線運動を記述する座標 x に相当する変数です．これまで，90°，180° というように，角度を表すのに度という単位を使ってきました．このような度で表せば，いうまでもなく 1 回転は 360°，半回転は 180°，直角は 90° です．ところで，円運動のような物理の問題を扱う場合（数学でも同じですが），度という単位はあまり便利ではありません．その代わり，以下のような単位を使います．

　円と x 軸との交点 A′ を考え（図 5.2），円弧 AA′ の長さを $r\theta$ として，角 θ を決めます．このようにして定義される角度の単位を**ラジアン(rad)** といいます．円周率を π とすれば，円周の長さは（直径）×（円周率）$=2\pi r$ ですから，360° は 2π に等しくなります．正確には 2π rad と書くべきですが，rad を省略するのが普通です．同じように，180° は π，90° は $\pi/2$ となります．一般に，1°$=\pi/180$ が成り立ちますので，これを利用し，度から rad への換算ができます．電卓などで三角関数を計算するとき角度を度で表すか，ラジアンで表すか 2 つの方法があります．その選択を間違えると，とんでもない答えが出ますので要注意です．なお，角度は長さを長さで割ったようなものですから，次元はありません．次元のない量を **無次元の量** といいます．

　微小時間 $\varDelta t$ の間に質点は微小角 $\varDelta\theta$ だけ回転し，図 5.2 に示すように，この時間中に質点は A から B まで運動したとします．このとき

$$\omega = \frac{\varDelta\theta}{\varDelta t} \tag{5.1}$$

とおき，この ω（ギリシア文字でオメガと読みます）を **角速度** といいます．ω は単位時間あたりの角度の変化を意味します．ω の次元は時間の逆数でその単位は s^{-1} で与えられます．等速円運動の場合に

は ω は時間によらない一定値となります．時間 Δt の間に質点は円弧 AB の長さすなわち $r\Delta\theta$ だけ進みますので，質点の速さ v は

$$v = \frac{r\Delta\theta}{\Delta t} = r\omega \tag{5.2}$$

と表されます．なお，これまで質点は，O の回りを正の向き(時計と逆向き)に回転すると仮定してきました．負の向きに回転するときには，(5.1)式の ω も負となります．この場合には(5.2)式右辺の絶対値が質点の速さとなります．

周期と回転数

質点が円周上を一周するのに必要な時間を**周期**といい，ふつう T の記号で表現します．円周の長さは $2\pi r$ で，また質点の速さは一定値 $r\omega$ ですから，周期 T は

$$T = \frac{2\pi r}{r\omega} = \frac{2\pi}{\omega} \tag{5.3}$$

と表されます．また，単位時間の間に質点が回転する回数を**回転数**といい，これを ν(ギリシア文字でニューと読みます)と表します．質点が1回転するのに必要な時間が T ですから，ν は

$$\nu = \frac{1}{T} = \frac{\omega}{2\pi} \tag{5.4}$$

と書けます．1秒の間に1回だけ回転するときを回転数の単位とし，これを1**ヘルツ**(Hz)といいます．ヘルツはドイツの物理学者で，電磁波の存在を初めて実験的に確かめました．これにちなみ，回転数や振動数の単位としてヘルツが使われています．少々前にはヘルツの代わりにサイクルという単位がありましたが，現在ではヘルツに統一されています．(5.4)式から

$$\omega = 2\pi\nu \tag{5.5}$$

が得られます．ω と ν とは 2π だけ係数が違う点に注意しなければいけません．

アナロジー

　少々話題が変わりますが，回転運動に対する 1 つの考え方に触れておきます．前に述べたように，回転運動の回転角 θ は直線運動の座標 x に対応します．実際，速度 $v=\Delta x/\Delta t$ に対し角速度は $\omega=\Delta\theta/\Delta t$ と定義されます．このような概念を推し進めると，直線運動に関する知見からそれに対応する回転運動の知見が得られると期待されます．このような対応を**アナロジー**といいます．

　この考え方は物理に特有ではなく，諺にも「一を聞いて十を知る」というのがあります．アナロジーをうまく利用すると物理のより深い理解に役立ちますが，場合によっては単純なアナロジーが成立しない事態もあります．このような点については，今後，折に触れ述べることといたします．少々難しいかもしれませんが，アナロジーの問題を特集した雑誌[2] もありますので，興味のある方はご覧になってください．

等速円運動の例

　陸上競技のハンマー投げは豪快なスポーツです．球をぐるぐる回している状況は，等速円運動の例と考えられます．1 秒間に球を 4 回転させると，そのときの回転数は 4 Hz で，ω は $\omega=8\pi\,\mathrm{s}^{-1}=25.1\,\mathrm{s}^{-1}$ と表されます．ハンマーの長さを 1.1 m とすれば，円運動の速さは (5.2) 式により $v=1.1\times25.1\,\mathrm{m/s}=27.6\,\mathrm{m/s}$ と計算されます．これを時速に換算すると 3600 倍し，時速 99.4 km が得られます．速球投手の投げる時速 150 km のボールに比べ，スピードは 2/3 程

78

度ということになります.

5.3 向 心 力

加速度

直線上を運動する質点では，その速度も加速度も直線に沿って生じます．ところが，円運動の場合には，速度の向きが時々刻々と変化していきますので，速度と加速度とは必ずしも同じ向きをもつわけではありません．例えば，等速直線運動だと加速度は 0 ですが，等速円運動では加速度は 0 とはなりません．このような意味で加速度の場合，直線運動と回転運動のアナロジーは成立しません．以下，等速円運動する質点の加速度を考えていきます．図 5.3(a) に示すように，時刻 t で点 A にあった質点が微小時間 Δt 後に点 B に移動したとし，点 A, B における速度をそれぞれ v, v' とします．速度は円の接線方向を向くことにご注意ください．また，A から B まで質

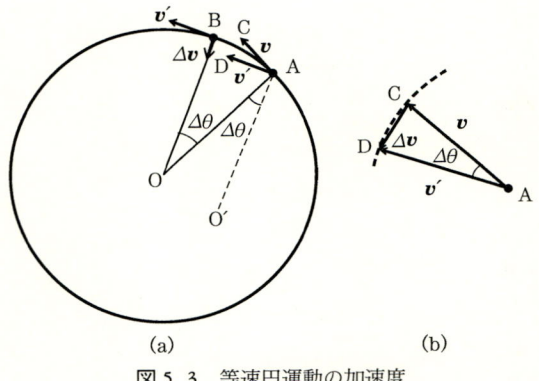

(a)   (b)

図 5.3 等速円運動の加速度

点が運動したときの微小回転角を $\Delta\theta$ とします(これは図 5.2 と同じです). B におけるベクトル v' を A まで平行移動し, 図のようにこれを A から D に至るベクトルとして表します. 同様に v を A から C へのベクトルとします. A から図の点線のように BO に平行な直線をひきこれを AO' とすれば, $\angle$OAD$+$(v と v' とのなす角)$=$(直角)$=\angle$OAD$+\Delta\theta$ となります. これから v と v' とのなす角は $\Delta\theta$ であることがわかります.

図 5.3(b) は A 近傍の拡大図です. 第 2 章と同様ベクトルの大きさを表すのに $|\ |$ という記号を導入すると, 等速円運動では $|v|=|v'|=v$ が成り立ちます. ここで v は(5.2)式で与えられます. A から B まで質点が運動する間に生じる速度の変化分を Δv とすれば, $\Delta v=v'-v$ と書けます. このベクトルは C から D に至るベクトルです. 円弧 CD の長さは $v\Delta\theta$ と書けますが, $\Delta\theta$ が十分小さいとこの長さは弦 CD の長さと一致します. このようにして $|\Delta v|=v\Delta\theta$ の結果が得られます. 加速度 a は $\Delta v/\Delta t$ を考え $\Delta t\to 0$ の極限をとったものですから, 以上の考察により $|a|=v\omega$ の結果が求まりました. また, a の向き, 方向を調べるため, 図 5.3(a) に示すように, Δv のベクトルを点 B に平行移動させます. $\Delta\theta\to 0$ の極限をとりますと点 B は点 A と一致し, Δv は v と垂直となって Δv の向きは円の中心 O を向くことがわかります. すなわち, a は円の中心を向き, その大きさ a は

$$a = v\omega = r\omega^2 = \frac{v^2}{r} \tag{5.6}$$

で与えられます. ただし, 上式を導く際, (5.2)式の関係 $v=r\omega$ を利用しました.

例えば, 前述のハンマー投げの例では $r=1.1$ m, $\omega=8\pi$ s^{-1} の値

を(5.6)式に代入し，a は $a=1.1\times(8\pi)^2\,\mathrm{m/s^2}=695\,\mathrm{m/s^2}$ と計算されます．この値は重力加速度のほぼ71倍となります．

向心力

運動方程式により質点(質量 m)に働く力 $\boldsymbol{F}$ は，$\boldsymbol{F}=m\boldsymbol{a}$ と表されますので，等速円運動する質点には中心に向かって，大きさ

$$F = mr\omega^2 = m\frac{v^2}{r} \tag{5.7}$$

の力が働きます．この力を**向心力**といいます．ハンマー投げで球を回すとき，手は球をひっぱりますが，そのひっぱる力が向心力となります．ハンマー投げの球の質量は 6.80 kg 以上と決められているそうですが，$m=6.80$ kg とすると，先ほどの例の場合，加速度が重力加速度の 71 倍ですから向心力を質量に換算すると 6.80 kg を 71 倍し 480 kg となります．このような巨大な質量はとても常人には耐えられません．ハンマー投げの選手が，いかに強靭な肉体の持ち主であるかが理解できます．

地球の公転

(5.7)式の 1 つの応用例として，太陽の回りの地球の公転を考えてみます．一般に，質量 m，質量 M の 2 つの物体の間には**万有引力**が働き，ニュートンの発見した**万有引力の法則**によりますと，力の大きさ F は質量の積 mM に比例し物体間の距離 r の 2 乗に反比例します．すなわち，F は

$$F = G\frac{mM}{r^2} \tag{5.8}$$

と表されます．比例定数 G は**ニュートンの重力定数**と呼ばれ，その

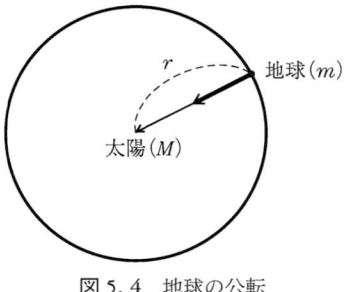

図 5.4　地球の公転

数値は

$$G = 6.67 \times 10^{-11}\,\mathrm{N \cdot m^2/kg^2} \tag{5.9}$$

と測定されています．厳密にいうと，太陽の回りで地球は楕円軌道を描いて公転しますが，これはほとんど円に近いので，以下，太陽も地球も質点とみなし，太陽(質量 M)を中心として地球(質量 m)が半径 r の等速円運動を行うと仮定します(図5.4)．このときの半径を AU と書きますが，これは**天文単位**と呼ばれ，惑星など太陽に近い天体間の距離を表すのによく利用されます．この数値はほぼ1億5千万 km で 1 AU＝1.5×10^{11} m となります．

　地球に限らず一般の惑星の運動を考えてみます．(5.8)式が惑星に働く向心力の大きさですから，(5.7)式と(5.8)式とを等しいとおくと，m は方程式から消え $r\omega^2 = GM/r^2$ が得られます．あるいは公転周期を T とすれば，(5.3)式により $\omega = 2\pi/T$ と書けますので，結果を少々整理すると

$$T^2 = \frac{4\pi^2 r^3}{GM} \tag{5.10}$$

の関係が導かれます．すなわち，T^2 は r^3 に比例しますが，これを惑星運動に関する**ケプラーの第三法則**といいます．地球の場合，公転

の周期は 365 日ですから $T = 365 \times 24 \times 60 \times 60 \, \text{s} = 3.15 \times 10^7 \, \text{s}$ となります。これまであげた数値を (5.10) 式に代入すると，太陽の質量は $M = 2.0 \times 10^{30} \, \text{kg}$ と計算されます。同じようにして，地球の回りを回る月あるいは人工衛星のデータから，地球の質量が求まります。

上述の M を求める数値計算では，10 の何乗といった数字がやたらと出てきます。計算機が今日のように発展していなかった時代には，10 のべき数を別途計算し，答えを出していました。現在では 10 のべきも含め例えばポケコンで計算できますので，随分便利な世の中になったと思います。それにしても，物理関係の数値計算ではいまのような 10 のべきが各所に現れます。元来，MKS といった単位は私たちの身の回りの現象を扱うには適当かもしれませんが，宇宙スケールあるいは原子スケールを相手にするには小さ過ぎたり，大き過ぎたりします。10 のべきが現れるのは，物理での問題が宇宙から原子まで広大な範囲をカバーしているためで，物理の宿命であるともいえます。

5.4 角運動量

本章の始めに，さまざまな物体の回転運動に触れました。このような回転を考察する際，角運動量という量を導入すると便利です。始めに，平面上を円運動する質点を対象として，角運動量を考えていきましょう。

角運動量の定義

質量 m の質点の速度を $\boldsymbol{v}$ とすれば，**運動量を表すベクトル $\boldsymbol{p}$** は $\boldsymbol{p} = m\boldsymbol{v}$ と定義されます。質点はある平面上で等速円運動している

5 けん玉入門 83

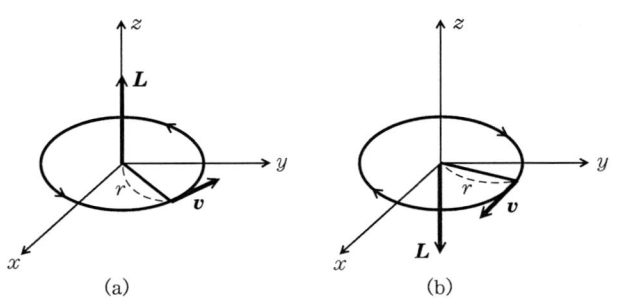

図 5.5　角運動量

と仮定し, この平面を xy 面にとります. このとき, z 軸方向のベクトル L を想定し, その向きは質点の回転の向きに右ネジを回したとき, そのネジが進む向きと一致するように決めます. 図 5.5(a), (b)のように, xy 面内で質点が正(負)の向きに回転していれば L は z 軸の正(負)方向を向きます. さらに, L の大きさは円運動の半径 r と運動量の大きさ p の積に等しいとします. このように定義された L を**角運動量**といいます.

慣性モーメント

図 5.5 で L は z 成分 L_z だけをもちますが, 以下簡単のため $L_z = L$ と書きます. L の大きさは mrv ですが, 図 5.5(a)では(5.2)式により $v = r\omega$ と書け

$$L = mr^2\omega \qquad (5.11)$$

となります. ここで

$$I = mr^2 \qquad (5.12)$$

とおき, この I を**慣性モーメント**といいます. I を使いますと L は

$$L = I\omega \qquad (5.13)$$

と表されます．図5.5(b)の場合には，$\omega < 0$ ですので，ω が正でも負でも上式の成り立つことがわかります．

角運動量の次元

L の次元を考えますと，$[L]=[質量][長さ]^2/[時間]$ と書けますので，L の MKS 単位系での単位は kg·m²/s と表されます．あるいはエネルギーの次元を $[E]$ とすれば $[E]=[質量][長さ]^2/[時間]^2$ となり，$[L]=[E][時間]$ と書けます．したがって，角運動量の単位は J·s であると考えられます．また，(5.12)式から I の次元は $[I]=[質量][長さ]^2$ となり，これと(5.13)式とを組み合わせて，L の次元が求まります．

有限物体の角運動量

これまで質点について角運動量を考えてきましたが，有限な大きさをもつ物体に話を進めることにします．具体的な例として，けん玉の玉が回転軸の回りで ω の角速度をもって回転していると想定しましょう．図5.6 に示すように回転軸を z 軸にとり，簡単のため物体は回転中変形しないと仮定します．力学の分野では，力を加えても変形しない理想的に堅い物体を導入し，これを**剛体**と称します．剛体を取り扱う常套手段は，剛体を多数の微小部分に分割し，各部分を質点とみなすことです．これに従い，玉を分割したと考え，図のように i 番目の部分の質量を m_i，そこから z 軸に下ろした垂線の足までの距離を r_i とします．ω が一定であるとすれば，i 番目の部分はこれを通り z 軸と垂直な平面内で半径 r_i の等速円運動を行います．したがって，(5.11)式により，この部分の角運動量は $m_i r_i^2 \omega$ と書けます．玉全体の角運動量を求めるには，これをすべて

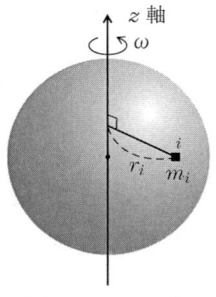

図5.6 玉の回転

の i にわたり加えればよいわけです．剛体ではすべての i に対し ω は共通ですから，全体の角運動量(**全角運動量**)は(5.13)式で表され，I は

$$I = \sum_i m_i r_i^2 \tag{5.14}$$

で与えられます．

角運動量保存則

　質点の運動方程式は，運動量を $\boldsymbol{p}$ とすれば $\Delta\boldsymbol{p}/\Delta t = \boldsymbol{F}$ と書けます．このため $\boldsymbol{F}=0$ ですと $\boldsymbol{p}$ は一定となります．これは慣性の法則を表しています．同様に $\boldsymbol{F}=0$ が成り立つと，一般に全角運動量 $\boldsymbol{L}$ が一定となることが示され，これを**角運動量保存則**といいます．$\boldsymbol{L}$ が一定であるとは，大きさだけでなく，その向き，方向も一定に保たれるという意味です．けん玉の玉が回転している状態ではその回転軸が一定の向きをもち，この性質が裏技成功の鍵となっているわけです．

　角運動量保存則はフィギュアスケートのスピンにも適用できます．人体はもちろん質点ではありませんので，(5.14)式を使い全体の慣

性モーメントを考慮する必要があります。この式からわかるように，i 番目の部分からの寄与は距離の2乗に比例するので，腕を身体に近づけた状態の慣性モーメントは腕を広げた場合より小さな値をもちます。一方，氷上では，靴と氷との間の摩擦は小さく，角運動量保存則が成り立つと考えられます。(5.13)式によりこの法則から $I\omega =$ 一定 の関係が成立しますので，腕を身体に近づけると I は小さくなり，逆に ω は大きくなることがわかります。フィギュアスケートの選手が演技の最後に腕を縮めると急に回転のスピードが速くなる様子をテレビなどでご覧になったことがあるでしょう。フィギュアスケートのスピンは，私のような素人から見るとまさに神業という印象ですが，その華麗な演技の背後に物理の法則が横たわっているとはなかなか楽しい話です。

電子のスピン

スピンという言葉が出てきましたので，物理本来の問題として電子のスピンを紹介します。本章の始めに回転の例として，水素原子では1個の陽子の回りを1個の電子が回転すると申し上げました。水素原子を太陽系になぞらえると，陽子が太陽，電子が地球に対応し，いまの回転は地球の公転に相当します。ところが地球は自転もしているわけで，電子の場合，自転に対応するのがスピンという概念です。電子では図5.6のような回転の具体的なイメージを描くことはできませんが，角運動量と同じ次元をもつ物理量を考えることができます。量子力学では，粒子の回転運動に相当する角運動量を**軌道角運動量**，自転に相当するものを**スピン角運動量**と呼び，両者を区別しています。記号的にも前者をこれまでと同様 L，後者を S で表します。電子では S_z として

$$S_z = \frac{\hbar}{2} \tag{5.15a}$$

か

$$S_z = -\frac{\hbar}{2} \tag{5.15b}$$

かの 2 つの場合が可能であることが量子力学からわかっています．
(5.15a), (5.15b)式は模式的にそれぞれ図 5.5 の (a), (b) に対応します．$\hbar$(エッチバーと読みます)は

$$\hbar = 1.055 \times 10^{-34} \text{ J·s} \tag{5.16}$$

という角運動量の次元をもった物理定数です．$\hbar$ は第 11 章で述べるプランク定数を 2π で割ったもので，ディラックが導入しました．このため，$\hbar$ を**ディラック定数**という場合もあります．電子のスピンは物質の磁性と深い関係をもちますが，これについては第 10 章で述べます．

6 0℃以下を実現する

　簡単な実験として，氷に塩を混入し 0℃以下が実現されることを確かめます．温度とか熱は比較的日常生活に現れるなじみの深い概念ですが，本章では物理から見たときのこれらの意味について考えていきます．熱がエネルギーの一種であることと，それと関連し，熱の仕事当量，内部エネルギー，熱力学第一法則などを紹介します．

6.1　手軽な寒剤

暑さと寒さ

　「暑さ寒さも彼岸まで」とよくいわれます．季節を示す二十四節気の中には，小暑，大暑，処暑，寒露，小寒，大寒といった暑さ，寒さを示す言葉が含まれています．このような暑さ，寒さを定量的に表す物理量はいうまでもなく**温度**です．温度は私たちの日常生活と密接な関係をもっている物理量ですが，現在使われているのは**セ氏温度**と**カ氏温度**です．前者が国際的な温度の尺度ですが，後で触れますようにこれはセルシウスにより導入されました．その頭文字をとりセ氏と呼ばれていますが，**セルシウス度**という場合もあります．一方，カ氏温度はファーレンハイトが考案したもので，アメリカではいまだにこの尺度を利用しています．セ氏温度を 9/5 倍し 32 を加えるとカ氏温度になります．例えば 20℃をカ氏温度に換算すると $20 \times (9/5) + 32 = 68$°F と計算されます．ちなみに °F はカ氏温度を示す記号です．ファーレンハイトは中国語表記では華倫海となっ

ていますが，日本流に華氏と表現し，それが片仮名表記でカ氏となりました．

　私たちの経験によると温度を上げるのは簡単ですが，温度を下げるのは困難です．温度を上げる一つの方法は物を燃やすことで，要するに火を起こせばよいわけです．火を起こすのに原始人は摩擦を利用しましたが，現代ではマッチやライターといった文明の利器が使われます．これに反し，例えば真夏の最中に人の力だけで氷を作ろうとしてもそれは無理な相談です．もっとも，冬の氷を氷室に蓄え，夏に使用するというアイデアは諸外国では紀元前約 1000 年，またわが国でも仁徳天皇の時代に記録があるそうです．「削り氷にあまづら」を入れたものを「貴てなるもの」と枕草子の著者は讃えました．何年か前，京都御所を訪問しましたが，そのとき氷室の跡を見学する機会がありました．

冷凍技術

　何とかして人工的に氷が作れないかという人類の苦闘のうちから，冷凍技術が発達してきました．いまや電気冷蔵庫により各家庭で容易に氷が製造できます．子供の頃，もちろん電気冷蔵庫はありませんでしたが，冷蔵庫と称する物はありました．家の近くに製氷所があり，夏になるとそこで氷を買い，冷蔵庫の上の方に氷を入れ，下の方に冷やす物を貯蔵したわけです．いつかこの製氷所のご主人に，工場の内部を見学させてもらったことがあります．アンモニアの鼻を突くような匂いが印象的でした．アンモニアの気体を圧縮すると液体になります．一般に，液体が気体になるとき周囲の環境から熱を奪いますが，この熱を気化熱といいます．アンモニアが気化するとき周囲は熱を奪われるので温度が下がり，このような手続きの繰

6 0℃以下を実現する　　91

り返しで低温が実現されます．当時の製氷所ではアンモニアを利用していましたが，現在の電気冷蔵庫ではその代わりにフレオンを使っています．アンモニアでもフレオンでも同じ冷凍技術の原理を利用しています．

寒剤の実験

　1気圧の下，水の温度を下げていくと0℃で氷になります．この温度を**氷点**といいます．氷に他の物質を混入すると氷点の下がることがあり，そのような混合物を**寒剤**といいます．寒剤の簡単な例として，次のような実験をしてみましょう．まず冷蔵庫で作った氷を適当に細かく砕き，コップの中に入れ，それに塩を混ぜます．このような混合物が寒剤の一種で，温度計を挿入すると0℃以下になっていることが確かめられます（図6.1）．私が実験した場合，－8℃になっていることがわかりました．理想的には－21℃になるはずですが，皆さんもこの温度に挑戦してみてください．

　1959年8月から2年間，アメリカのシカゴの郊外で暮らしまし

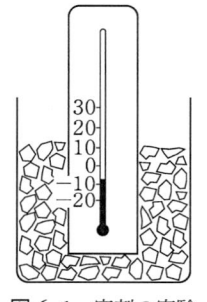

図 6.1　寒剤の実験

た．冬になるとよく雪が降ります．道路上の雪を溶かすため，上述の寒剤の原理を使い，塩化カリウムが散布されました．氷点が下がり，おかげで雪は溶け，道路上のドライブができるというわけです．しかし，いいことばかりではありません．すなわち，車のボディーに塩化カリウムが付着し，錆びの原因となってしまうのです．このため，車を売ろうとする場合，シカゴ近辺の中古車は例えばカリフォルニアに比べ値段が安いとのことでした．

6.2 熱と熱量

温度と熱

風邪をひいたので40度も熱があるといったりします．これで十分意味が通じるし，普通の人にとっては当然の表現といえましょう．しかし，物理の立場からいうとこの言い方は間違っています．40度という量はあくまでも温度であり，熱を表すわけではありません．物理でいう**熱**とは物体の温度を変化させる原因になるものです．このような温度と熱の違いを十分認識しておく必要があります．

それでは熱の本性とは何でしょうか．これには各種の故事来歴のようなものがありますので6.3節で述べることとし，その前に絶対温度と熱量について説明しておきます．

絶対温度

セ氏やカ氏の温度は日常的に使われますが，物理の方面では**絶対温度**という尺度を使います．温度は高い方には制限がなく，いくらでも高い温度を考えることができます．しかし，低い方には制限があり，それ以下の低温は実現不可能だという下限があります．この

6　0℃以下を実現する　　93

温度は −273℃（正確には −273.15℃）で，これを**絶対零度**といいます．セ氏温度 t℃ の t に 273.15 を加えたものが絶対温度で，普通これを T の記号で表します．すなわち

$$T = t + 273.15 \qquad\qquad (6.1)$$

の関係が成り立ちます．第 4 章でちょっと触れましたが，絶対温度の単位は**ケルビン**(K)で，例えば 27℃ はほぼ 300 K となります．また，温度差を表すとき，℃ のかわりに K の記号を使います．定義からわかりますように $T \geqq 0$ という関係が成立し，T が負になることはありません．

温度計

温度を測定するには何らかの温度計を利用します．**水銀温度計**とか，**アルコール温度計**は皆さんもよくご存じの温度計でしょう．ここでは，少々変わり種の温度計として熱電対を紹介しましょう．図 6.2 に示すように，異なった種類の金属線 A, B を接続して 1 つの回路を作って 2 つの接点を T_1, T_2 の温度に保つとき，T_1, T_2 の値が違うと回路中に起電力が発生し電流が流れます．このような金属線のペアを**熱電対**といいます．T_1 を一定にしておけば，熱電対中に流れ

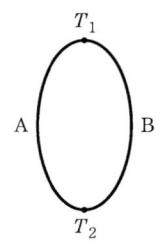

図 6.2　熱電対

る電流を測定し T_2 の温度が測定できます.

　私たちの家庭からは毎日のようにごみが発生し，いわゆる燃える
ごみはごみ焼却炉で燃やされています．炉の温度があまり高くなる
と炉が壊れてしまうので，炉の温度を大体 900℃ に保ちます．炉の
温度を測定するのに熱電対が使われていて，炉の温度が高くなり過
ぎると水が放出され炉を冷やすような工夫がしてあります．熱電対
は案外身近な生活と関係しています.

熱　量

　ガスバーナーで水に熱を加える場合，十分時間をかけ，熱を加え
れば加えるほど水の温度は高くなります．このように，熱には熱の
量といったものが考えられます．熱を数量的に表したものを**熱量**と
いいます．熱量の単位として，よく**カロリー**(cal)が使われます．1
cal は，水 1 g の温度を 1 K だけ上げるのに必要な熱量です.

　例えば 500 g の水の温度を 25 K だけ上げるのに必要な熱量を考
えると，その熱量は質量と温度差の積に比例するので，500×25 cal
＝12500 cal と計算されます．なお，ダイエットなどで使われるカロ
リーは 1 kcal＝1000 cal であることを付記しておきましょう.

6.3　熱と仕事

熱　学

　熱に関する学問を**熱学**といいます．力に関する学問が，力学と呼
ばれるのと同じ事情です．力学は 300 年余りの歴史をもっています
が，熱学は 18 世紀に入ってから発展し，そのような意味で力学より
短い歴史をもつ分野です．この点はいささか不思議だとは思いませ

んか.

　原始人は，火を利用することにより，文明世界への第一歩を記しました．魚や肉を煮たり焼いたりするように，熱とか温度は昔から日常の生活と密接な関係をもっていました．人類はテコや滑車など力学と関係した器具を用いましたが，これは火の利用に比べはるか後のことと想像されます．熱学は当然，力学以前に発展してしかるべきだったと思われますが，多分熱の存在があまりにも当たり前であるため，それを学問的に探求する意図が湧かなかったのかもしれません.

　物理そのものを学ぶ他に，物理に関する歴史を知ることは物理を楽しむ1つの方法だと考えられます．とくに熱学の場合，その歴史には紆余曲折がありましたので，科学史の勉強は有益と思われます．以下，簡単にその話を紹介しましょう.

熱学のミニ科学史

　ドイツ人ファーレンハイトは，1714年に初めて水銀温度計を作りカ氏温度を導入しました．また，1742年にはスウェーデンの物理学者セルシウスによって，現在私たちが用いているセ氏温度の目盛りが決められました．このように温度のスケールは確定しましたが，当時の物理学，化学の分野では熱自体について，いまから考えると一種の迷信が信じられていました．すなわち，熱は一種の物質であるという説が横行し，この物質を熱素(カロリック)と呼んでいました．カロリック説の起源は，ギリシア時代にさかのぼりますが，熱素の総量は一定で，新たに生じたり，消滅したりはしないと考えられていました．高温物体から低温物体へと熱が移動し，この現象は**熱伝導**と呼ばれていますが，それは高温物体中に含まれる多量の熱

素が低温物体へ移動するためであると考えました．熱素はできたり消えたりしませんから，高温物体が失った熱素の量すなわち熱量は，低温物体の受けとった量に等しくなり，**熱量保存則**が成り立ちます．1gの物質の温度を1Kだけ高めるのに必要な熱量を**比熱**といいますが，イギリスの物理学者ブラックは熱量保存則を利用して比熱の議論をしました．

　実は，熱量保存則は熱素という間違った概念から導かれましたが，結果オーライというか，結論は現在の立場でも正しいのです．推論は間違っていても結果は正しいという話はよくありますが，熱量保存則もその一例でしょう．この点についてはまた後で触れます．

　さて，摩擦熱の発生は，原始人が木片の摩擦により火を作ったときからよく知られていた事実です．しかし，この現象が科学的事実として認識されたのは18世紀の終わり頃からでした．当時，ヨーロッパを渡り歩いていた，哲学者とも，技術者とも，あるいはペテン師ともつかぬ，ランフォードという人物がいました．彼は，ミュンヘンの兵器工場で大砲の砲身をくりぬく作業を監督しているうちに，砲身も削り屑も高温に熱せられることに注目しました．砲身が絶えず熱を発生してゆけば，ついに砲身中の熱物質がくみつくされてしまい，もはや熱を発生しなくなるときがくるはずです．しかし，実際は作業を続ける限り，熱は限りなく発生し続けることがわかりました．このように無制限に熱が発生するには，熱素が無限に存在すると考えざるをえません．しかし，無限に何かが存在するというのは大変考えにくいことです．このようにして，ランフォードはカロリック説を決定的に否定しました．そのかわり，ランフォードは力学的な仕事が熱に変わるという結論に達しました．この結論は熱の正体を明らかにしたものとして，現在でも正しいと考えられており

6 0℃以下を実現する 97

ます．ランフォードはこのような功績により科学史上にその名を留めています．

熱の仕事当量

上の科学史の続きのような話ですが，18世紀から19世紀にかけ，ヨーロッパ諸国で産業革命が起こっていました．それに伴い蒸気機関の研究が行われ，また熱と仕事との関係が詳しく調べられるようになりました．一般に，Q cal の熱量は W J の力学的な仕事に等価であると考え，W と Q との間には

$$W = JQ \qquad (6.2)$$

の関係が成り立つとします．この式中の比例定数 J は，1 cal の熱量が何 J の仕事に相当するかを表す量で，これを**熱の仕事当量**といいます．J の値は仕事が熱に変わるとき，いつも同じであることが知られていて

$$J = 4.19 \text{ J/cal} \qquad (6.3)$$

と測定されています．例えば，20 cal の熱量は 20×4.19 J＝83.8 J の仕事に相当します．

話を少し前に戻しますが，イギリスのマンチェスターは産業革命の中心地の1つでした．当時そこで物理学者ジュールは熱と仕事の関係を研究していました．彼は，落下する分銅を利用し容器中の水につかった羽根車を回転させ，水の温度の上昇を測定しました．1997年にマンチェスターの科学博物館を訪問する機会がありましたが，ジュールが実際に使った実験装置[1]が展示されていました（図6.3）．ジュールは1843年から1847年に至るまで，熱の仕事当量の値を詳しく追求しました．(6.3)式は現在知られている J の値ですが，150年ほど前にもかかわらずジュールはこれとほぼ同じ数

98

図6.3 ジュールの実験装置

値を求めました．余談ですが，彼は大変研究熱心な人で，新婚旅行の際，滝の上と下とでどれだけの温度差があるかを測定したという逸話が残っています．水の落下運動のエネルギーによって，滝の下では温度が上昇すると考えたわけですね．

6.4 熱力学第一法則

各種のエネルギー

1830年代の末から40年代にかけて，力学的エネルギー以外，エネルギーにはいろいろな種類があり，しかもそれらは互いに変換するという考えが唱えられました．その理由の1つは，18世紀末以来，さまざまな物理現象の間に密接な関係のあることが発見されたためです．例えば，電気分解は電気が化学変化と関係していることを示し，また，ランフォードの主張のように力学的な仕事が熱に変わることもだんだんわかってきました．とくに，ドイツの物理学者ヘルムホルツは力学的エネルギーの他に，熱エネルギー，化学エネ

ルギー，電気エネルギーなど各種のエネルギーが存在し，これらの
エネルギーが変換するときエネルギー保存則が成り立つと考えまし
た．エネルギー保存則は少々後で議論しますが，ここでは熱エネル
ギーについてもう少し詳しく述べることにしましょう．

熱エネルギー

イギリスの技師・発明家ワットは，熱せられた水蒸気がヤカンの
蓋を動かすのを見て蒸気の応用を志したといわれています．彼は
1774 年，実用的な蒸気機関の発明に成功しましたが，この発明は産
業革命の原動力となり，世界の様相を一変させるにいたりました．
蒸気機関は産業に変革をもたらしただけでなく，前述のように熱と
仕事との関係というややアカデミックな問題にも大きな影響を与え
ました．蒸気機関の成功からわかるように，熱は仕事をする潜在的
な能力すなわちエネルギーをもっていますが，これを**熱エネルギー**
といいます．

エネルギー保存則

各種のエネルギーは，機械によって他の種類のエネルギーに変換
したり，1 つの物体から他の物体へ移ったりします．しかし，全体と
して見れば，エネルギーの総和は，時間の経過に関係なく一定に保
たれます．これを**エネルギー保存則**といいます．この法則は，エネル
ギーが無から発生したり，または消滅したりはしないということを
意味します．第 4 章で力学的エネルギー保存則について学びました
が，いまの法則はこれを一般化したものです．

前に金銭の授受でエネルギーの議論をしましたが，エネルギー保
存則も同じような立場で理解することができます．ある人が 3000

円もっている場合，何らかの方法で1000円かせげば，この人の購買能力は1000円アップします．この1000円は紙幣であろうが，コインであろうが，小切手であろうが，とにかく総額で1000円かせげば，能力はその分だけ増加します．これと同様，どのような種類のエネルギーでも，とにかく受け取ったエネルギーの総額分だけ，エネルギーが増加します．これがエネルギー保存則の意味するところです．前に論じた熱素の量を熱エネルギーで置き換え，エネルギーとして熱エネルギーだけを考慮すれば熱量保存則が導かれます．

熱力学第一法則

　以上の話で，3000円という金額が出てきましたが，物理の場合これに相当するのは何でしょうか．熱学の一分野に**熱力学**というものがあり，物体の内部にはある種のエネルギーが蓄えられていると考えます．これを**内部エネルギー**といいます．熱力学の立場では，とにかく物体は内部エネルギーをもち，外部から力学的な仕事と熱が加わったとき，その合計分だけ内部エネルギーが増加すると考えます．これを**熱力学第一法則**といいます．すなわち，図6.4のように，物体に外部から仕事 W，熱量 Q が加わり，物体が状態 A から状態 B へ変化したとき

$$U_B - U_A = W + Q \qquad (6.4)$$

の関係が成り立ちます．ただし，U_A, U_B はそれぞれ状態 A, B における物体の内部エネルギーです．熱力学第一法則は，内部エネルギー，仕事，熱エネルギーを考慮したときのエネルギー保存則です．

　(6.4)式の右辺に現れる W, Q について若干の注意を述べておきましょう．まず，W, Q は同じ単位，例えば J で表すことを前提としております．最近では Q を表すのに J を使いますのでこれで結

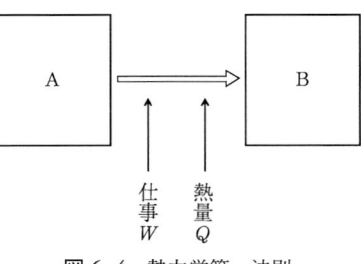

図 6.4　熱力学第一法則

構です．しかし，私が旧制高校で熱力学を習った頃は Q を cal の単位で表していたので，(6.4)式の右辺は $W+JQ$ となっていました．それと，W, Q は符号をもつ点にご注意ください．物体に加わる向きを正としたので，物体が外部に対し仕事をするときには $W<0$ です．同様に，物体が熱を放出する(物体から熱を奪う)ときには $Q<0$ となります．お金とのアナロジーでいえば，100 円消費すればその分だけ購買能力が減ることとなります．例えば 5 J の仕事を外部に行い，3 J の熱量を外部に放出するとき，(6.4)式の右辺は $-5\,J-3\,J=-8\,J$ となり内部エネルギーは 8 J 減少することがわかります．

　熱力学第一法則は一種のエネルギー保存則ですが，これだけでも物質の熱的な性質を相当詳しく議論することができます．本書ではその詳細に立ち入りませんが，興味のある方は参考文献[2][3] を見てください．熱力学の立場では，とにかく内部エネルギーなるものがあると思え，というわけでその微視的な議論はいたしません．このため，熱力学は**現象論**と呼ばれることがあります．

6.5　分子運動論

　物体が微粒子からできているという思想は，古くギリシア時代か

らありました．鉄腕アトムでおなじみのアトムという言葉は，ギリシア語で「分割できないもの」という意味です．こんにちでは，物質が分子とか原子から構成されているという考えはいわば常識です．

分子運動

ある容器に入れた気体がマクロには静止していても，気体を構成する各分子はミクロに見れば容器内で運動しています．この運動を**分子運動**とか**熱運動**といいます．気体分子は互いに衝突したり，容器の壁にぶつかったりして，容器の中を縦横無尽に運動しています．その際，ある分子は速く走り，ある分子は遅く走ることでしょう．すなわち，気体分子の速度はある種の統計分布をもっています．

イギリスの物理学者マクスウェルは，1859 年，分子運動が無秩序，乱雑である性質を利用して，気体分子の速度が，ある温度でどんな統計分布をするかを求めました．この分布は**マクスウェル分布**と呼ばれています．マクスウェル分布を利用すると，例えば気体の内部エネルギーをミクロな立場から計算することができます．このような理論を**分子運動論**といいます．分子運動論はさらに一般化され，**統計力学**と呼ばれる分野が誕生しました．

理想気体

分子運動論の具体的な例として，一種類の分子 N 個から構成される気体が体積 V の容器に入っているとし，また体系全体を絶対温度 T に保つとします（図 6.5）．実際の気体では分子間に相互作用が働きますが，そのような体系を**不完全気体**とか**実在気体**といいます．不完全という言葉の裏には完全という概念がありますが，分子間の相互作用が無視できる理想的な体系を想定し，これを**完全気体**

6　0℃以下を実現する　　103

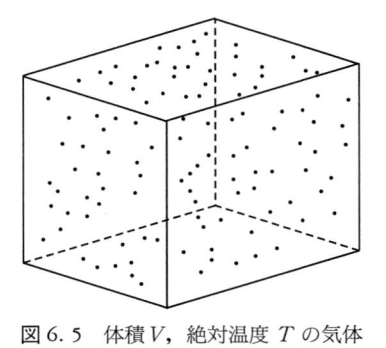

図6.5　体積 V，絶対温度 T の気体
（気体分子の総数：N）

とか**理想気体**といいます．不完全気体との対比でいえば完全気体が
適切な用語と思われますが，どういうわけか理想気体という言葉を
用いるのが慣習となっています．いずれにせよ，このような想定は
物理学者お得意の理想化の一種です．

　簡単のため分子は質点であるとみなし，その質量を m とします．
分子の速さを v とすれば，運動エネルギー e は

$$e = \frac{1}{2} mv^2 \tag{6.5}$$

と書けます．前述のように，v は統計分布しますので当然 e も適当
な統計分布をもちます．このような量ではその平均値を考えること
ができます．マクスウェル分布を利用すると，e の平均値は

$$\langle e \rangle = \frac{3}{2} k_\mathrm{B} T \tag{6.6}$$

と表されることがわかっています．ここで $\langle \cdots \rangle$ は平均を意味する
記号です．また k_B は**ボルツマン定数**で，その数値は

$$k_\mathrm{B} = 1.38 \times 10^{-23} \ \mathrm{J/K} \tag{6.7}$$

で与えられます．ボルツマンはオーストリアの物理学者で，次章で

述べるエントロピー増大則とか統計力学の分野で重要な貢献をいたしました。1906年，彼は神経衰弱のため自殺しましたが，ボルツマン定数は彼の名にちなみ命名されたものです。

(6.5)式の e は正の量ですから当然 $\langle e \rangle$ も正で(6.6)式から $T \geq 0$ となります。この結果は絶対温度の定義とうまくつじつまがあっています。理想気体では分子間に相互作用が働きませんので，体系全体の力学的エネルギー E は，各分子の運動エネルギーの総和に等しくなります。内部エネルギー U は E の平均値で与えられ，分子の総数が N ですから(6.6)式により

$$U = \frac{3}{2} N k_{\mathrm{B}} T \tag{6.8}$$

が得られます。こうして分子運動論では，微視的な立場から内部エネルギーに対する表式が求まりました。図6.5で一定量の気体を考えると，体積 V 中の N は一定となります。したがって，T を決めると U は N だけに依存し体積を変化させても U は V とは無関係です。すなわち，一定量の理想気体の内部エネルギーは T だけの関数となります。熱力学ではこの性質をむしろ理想気体の定義としますが，分子運動論ではその根拠が明らかにされます。さらに，統計力学を用いると，不完全気体の場合でも，分子間の相互作用がわかれば，原理的に内部エネルギーを求めることができます。

7　トランプと麻雀

トランプを切ったり，麻雀のパイをかきまぜたりするのは，これらの配列をなるべくでたらめにするためです．自然界では，物事が乱雑になろうとする傾向がありますが，これに関する法則が熱力学第二法則です．本章ではこの法則ならびにそれと関連し不可逆過程，エントロピー増大則などについて考察します．

7.1　熱の特徴

熱がからむ現象を考える際，状態変化の向きが問題となってきます．この点は，他の分野では見られない熱の大きな特徴です．本章ではこの向きに関する法則を考察しますが，その議論に入る前に，なぜトランプと麻雀というおよそ物理とは無関係な題目にしたか，その理由に触れておきましょう．

どなたでも1度や2度はトランプで遊んだ経験をおもちでしょう．私が幼時に覚えた最初のトランプのゲームは，ババ抜きだったと思います．長ずるに及び七並べ，ナポレオン，ポーカー，ブリッジなどを覚えましたが，どんなゲームでもプレーの前，カードをよく切ることが暗に義務づけられています．これは，カードの配列をできるだけ乱雑にし競技者の公平を期するためで，いわば秩序→無秩序の状態変化を起こさせるためです．そのさい変化の向きが大事で逆向きの変化では競技者に不公平が生じます．

トランプに比べると，麻雀はそれほどポピュラーではないようで

す．いまでも時々テレビの深夜番組で麻雀の実況放送がありますが，どれくらいの人がこの番組を視聴しているのでしょうか．わが家に入っているケーブルテレビには囲碁・将棋チャンネルはありますが，麻雀専用のチャンネルはありません．トランプのカードの総数は52，これに対し麻雀パイの総数は136で後者は前者のほぼ2.6倍です．それだけ麻雀の遊技にはバラエティーがあるという感じです．トランプと同様プレーの前，パイの配列をできるだけでたらめにし，秩序→無秩序の状態変化を起こさせます．最近では機械でパイをかきまぜるようになったので，その分だけ公平度がアップしたといえるでしょう．

　実は上記の秩序→無秩序という状態変化は熱にからむ現象の特徴でもあります．後で述べるように，トランプとか麻雀を利用しそのシミュレーションを行うことも可能です．このような理由で題目をつけましたが，それはそれとし，以下，熱の実態に関する簡単な実験を試みてみましょう．

洗面器とヤカン

　高温物体と低温物体とを接しておくと，前者から後者へ熱が移動します．前章でも触れましたが，この現象は熱伝導と呼ばれています．熱伝導の特徴を調べるため，まず洗面器に水を入れその温度を測ります．次に湯を入れたヤカンを図7.1のように水に浸し，例えば30秒おきに水の温度を測定します．

　図7.2にこのような測定結果の一例を示します．横軸は時間，縦軸は水温を表しますが，最初11℃であった水温が時間の経過とともに増大し，6分程度経過すると一定値30℃に落ち着く様子がご覧になれると思います．冬の寒い日に実験したため水温が低かったの

7 トランプと麻雀 107

図 7.1 熱伝導の実験

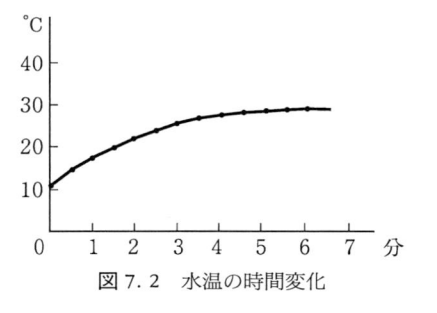

図 7.2 水温の時間変化

ですが，夏に行えば水温はもっと高くなるはずです．この実験では，ヤカンに入れる湯は電気ポットで沸かしたものを利用しました．ヤカンをガスバーナーで熱し湯を沸騰させ，その後ヤカンを洗面器に入れておくと，水は 50℃ 近くになり手で触れないくらい熱くなります．たまたま測定用の温度計は 50℃ までしか測れない通常の気温計でしたので，この場合のデータを取るのはあきらめました．このような高温の実験は火傷をする恐れもあり，あまりお薦めはできません．火傷でもしたら物理を楽しむどころの騒ぎではありません．

一般に高温物体と低温物体とを接触させ放置しておくと，高温物体から低温物体へ熱が移動し，前者の温度は下がり後者の温度は上がります．ある程度時間が経つと，両者の温度が同じとなり熱の移動が止みます．このように，2つの物体が同温度で，両者間に熱の移動がないとき，この2つの物体は**熱平衡**の状態にあるといいます．力学の問題では，物体にいくつかの力が働きそれらの和が0になると，力は釣合い物体は静止状態を保ちます．これを平衡状態といいますが，熱平衡はこのような力学での平衡を拡張した概念です．

熱平衡の身近な例は体温計です．体温計を身体に接触させると熱伝導が起こり，熱平衡に達すると，身体と体温計とが同温度になります．その温度が体温という仕組みです．最近では，温度が数字で表示されるデジタル式の体温計が使われています．この体温計では，図7.2に見られるような最初の温度の上昇具合から，熱平衡の温度をコンピュータで予測します．1分程度の短時間で体温が測定できますので，病院で体温を測るときにはこの種の体温計がよく利用されています．

図7.2の温度変化の特徴は，時間が経つにつれ水温が上がっていき最後に平衡に達するという点です．これは，高温物体から低温物体へと熱が一方的に移動することを意味します．いわば，熱伝導とは熱が高温から低温へと向かうような一方通行です．ただし，このような一方通行が起こるのは全体を放置しているからで，人為的な操作を加えると事態が変わってきます．例えば，図7.2で水温が上昇しているとき，洗面器に冷水を加えたり，氷を入れたりすれば，水温が一時的に下がることになるでしょう．以上の考察は本章での議論のポイントを表しており，一方通行，放置という2語は今後の話のキーワードとなります．

7　トランプと麻雀　109

7.2　可逆過程と不可逆過程

時間反転と可逆過程

力学の問題に話を戻しますが，軽くてしなやかな長さの変化しない糸の一端に，小さなおもりをつけたとします．糸の他端を天井に固定しそこを支点として，おもりを鉛直面内で振動させるようにした振り子を考えます．このような振り子を**単振り子**といいます．支点での摩擦がないとか，空気の抵抗がないという理想的な場合，この振動は永遠に続きます．この振動の様子をビデオに撮り，それを逆回しに写すとちょうど時間の進む向きを逆転した映像が見られます．理想的な単振り子の場合，映像を見ただけでは，それが順送りなのか，逆送りなのか判断することができません．

一般に時間 t を $-t$ にするような変換を**時間反転**といいます．現実には時間は一方的に経過していくので，この変換を実現するのは不可能です．しかし，頭の中で変換は実行できますので，時間反転は思考実験の一種です．あるいは時間反転を映像的に実現するには，上述のようにビデオを逆送りに写せばよいわけです．ある現象の時間反転が実現可能な場合，それを**可逆過程**とか**可逆変化**といいます．ニュートンの運動方程式は

$$ma = F \qquad (7.1)$$

と書けますが，この方程式の時間反転を考えてみます．ただし，F は位置ベクトル r だけの関数と仮定します．時間反転の際，r はそのままとし，$t \to -t$ とするのでこの反転により F は変わりません．また速度 v は $v = \Delta r/\Delta t$ ですが，時間反転は $\Delta r \to \Delta r$，$\Delta t \to -\Delta t$，したがって $v \to -v$ を意味し，速度は逆向きになります．ビデオを

110

逆転させると前進する人は後退する映像として写ることから，結果が納得できるでしょう．同様に考えると，加速度では $a＝\Delta v/\Delta t$ の関係で時間反転により分母，分子ともに符号が変わり a はそのままです．結局，時間反転しても (7.1) 式は変わらないわけで，この性質をニュートンの運動方程式は時間反転に対して不変であるとか，時間対称であるといいます．時間反転した解も同じ方程式を満たしますので実現可能となり，結局 F が r だけの関数だと (7.1) 式で記述される現象は可逆過程であることがわかります．

不可逆過程

可逆過程に対し，時間の流れを逆にしたら実現不可能な現象を**不可逆過程**とか**不可逆変化**といいます．現実の物理的な現象では，摩擦や抵抗とかあるいは熱本来の性質のため多かれ少なかれ不可逆過程が含まれます．以下，このような現象のいくつかの例を紹介しましょう．

①**減衰振動**　現実の単振り子では，支点での摩擦，空気の抵抗などのため，その振動が永遠に続くわけではありません．振動の幅すなわち振幅は，時間とともに減少していき最後に振動は止まってしまいます．このような振動を**減衰振動**といいます．減衰振動の様子を時間反転すると，奇妙なことになります．すなわち，時間反転した映像では，静止していた振り子が振動を始め，だんだんその振幅が大きくなります．現実にこのような現象が観測されることはありません．減衰振動は一種の不可逆過程です．減衰振動では，振動→静止という向きの一方通行が起こりますが，それは系を放置させた場合です．減衰振動している単振り子の途中で刺激を与え，振幅を大きくすれば振動が復活します．

7 トランプと麻雀　　111

②**熱伝導**　図7.1の実験で，ヤカンを洗面器に浸してから両者が熱平衡に達するまでビデオに撮ったとします．これを逆送りすると，洗面器の水の方から熱がヤカンに伝わり，温度計の目盛りが下がっていきます．低温物体を放置しておくと，熱が低温→高温へと移動することとなり，現実にこのような現象は起こりえません．熱伝導は不可逆過程の典型的な例です．

③**摩擦熱**　机の上で消しゴムを滑らせると，摩擦のため消しゴムの速さは減少し最後に消しゴムは止まってしまいます．図7.3のように質量 m の物体に初速度 v を与えると，物体は最初 $mv^2/2$ の運動エネルギーをもちます．このエネルギーは最後に消滅してしまいますが，この場合，物体と床との接触面で熱が発生します．寒いとき手をこすり合わせ，その結果発生する熱で手を暖めた経験はどなたもおもちでしょう．図7.3で物体が止まるまで発生した摩擦熱の総量を Q とし，また運動エネルギーが熱以外のエネルギーに変換しないとすれば，一般的なエネルギー保存則により

$$\frac{1}{2}mv^2 = Q \qquad (7.2)$$

が成立します．時間反転の映像では，静止していた物体が熱を吸収しながら動き始め，次第に速さを増し，最後に速さ v に達します．

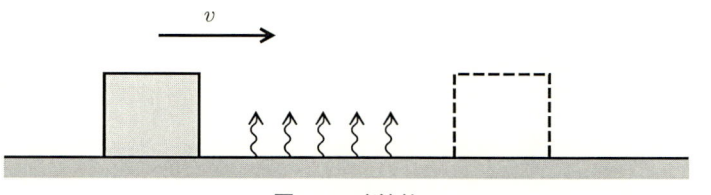

図7.3　摩擦熱

この映像に(4.10)式を適用すると $mv^2/2 = W$ となります．ここで W は物体になされた力学的な仕事です．これと(7.2)式を比べると，$Q = W$ が得られます．すなわち，逆転の映像では熱が全部仕事になるという変化が起こります．何の代償もなしに熱を仕事に変えることはできず，そのような意味で摩擦熱の発生は不可逆過程です．また，$Q = W$ という結果は熱力学の第一法則とは矛盾しないので，状態変化の向きに関する他の法則が必要であることがわかります．これについては，次節で説明します．

④ **火薬の爆発**　中学1, 2年のころ，戦時中という時代背景もあって，友人たちとよく火薬で遊んでいました．ニトログリセリンやニトロセルロースを自作した勇ましい友人もいましたが，私はもっぱら塩素酸カリと赤燐の混合物を使っていました．この体系は不安定で，混ぜ方の加減を間違えると途中で爆発します．このような火薬の爆発をビデオにとりそれを逆転すると，煙や閃光が縮まっていき元の火薬へと戻ります．こんな現象はもちろん現実には起きず，火薬の爆発に対する逆転の映像は不可逆過程の好個のデモンストレーションだと思います．

⑤ **拡散**　コップ中の水にインキを1滴落とし放置しておくと，このインキは次第に広がっていきます．このような現象を**拡散**といいます．水全体に散ったインキがひとりでに集まりもとの1滴になることはありえないので，拡散は不可逆過程です．

⑥ **混合**　図7.4に示すように，容器の中ほどに仕切りを入れ，例えば一方に窒素気体，他方に酸素気体を封入したとします．便宜上，窒素の分子を白玉，酸素のを黒玉で表しています．ある瞬間に仕切りをはずすと，両者の気体分子が混合しこれらの分子は容器全体に広がります．仕切りをはずした後，窒素気体と酸素気体が分離し元

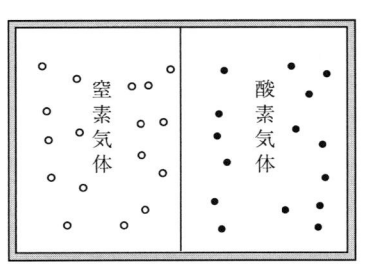

図 7.4　気体の混合

の状態に戻ることはありえません．空気は窒素と酸素の混合気体ですが，自然に窒素と酸素に分離しないのは私たちの経験から明らかです．このように混合は一種の不可逆過程です．混合の現象に対してはシミュレーションが可能で，トランプを使う一例について 7.4 節で考えます．

7.3　熱力学第二法則

前節で述べた不可逆過程の特徴をまとめると

　　　　熱は低温部から高温部へひとりでに移動しない　　　　(7.3)

　　　　熱の全部はひとりでに力学的な仕事に変わらない　　　　(7.4)

と表現できます．(7.3)式を**クラウジウスの原理**，(7.4)式を**トムソンの原理**といいます．また，(7.3)式あるいは(7.4)式を**熱力学第二法則**といいます．いずれの原理の場合でも「ひとりでに」という語句は重要で，これまでの言い方をすれば「放置するときには」といったニュアンスになると思います．両者とも多少文学的な表現かもしれません．物理としてより正確には，「注目する体系以外の外部になんら変化を残さないで」というべきです．やや回りくどいという印象を受けるかもしれませんが，後でもう少し詳しくこの意味を説明し

ましょう．ちなみに，クラウジウスはドイツの物理学者で19世紀の半ばころ熱学の分野で重要な業績を残しました．次節でエントロピーの話が出てきますが，彼はその名付け親でもあります．また，トムソンの名は第4章で出ましたが，1つの業績はエネルギーという語法を普及させた点でしょう．

一見したところ，上述の2つの原理は異なったことを述べているように思えます．しかし，熱力学第一法則を使うと，実は同じ内容を違った風に表現していることがわかります．すなわち，クラウジウスの原理を認めるとトムソンの原理が導かれますし，逆にトムソンの原理を認めるとクラウジウスの原理が導かれます．そのような意味で両者の原理は等価なのです．旧制高校の物理の授業で，両者の原理の等価性を講義で聞きました．講義のときよくわからず，その後でもよくわからずだいぶ難儀した経験があります．15年くらい後，物理を教えるようになってから，このときの苦い経験を思い出し，講義とか教科書の執筆の際，とくにこの等価性についてはわかりやすい説明を行うよう心掛けてきました．本書ではこの等価性については深入りしません．興味のある方は参考文献[1]をご覧になってください．

エアコンと熱機関

第二法則は，どちらかといえばわかりにくい法則です．ポイントは「ひとりでに」という語句ですが，その意味を明確に理解しておかないと混乱の生じる恐れがあります．以下，比較的私たちになじみのあるエアコン，熱機関を例にとり，第二法則の意味を考えてみます．

熱伝導は高温部→低温部の向きに起こりますが，これは低温部→

高温部の向きに熱を移動させるのは不可能だという意味ではありません。現に冷房運転時のエアコンは低温の部屋の熱を絶えず外部に移動させ，部屋を低温に保っています。エアコンの役割を調べるため，低温の部屋，高温の部屋を注目する体系にとり，エアコンはその外部とします。高温の部屋というのは，具体的に部屋でなく低温の部屋の周辺の外界をとってもかまいません。エアコンを作動させないとき，考慮中の体系は実質的に低温の部屋，高温の部屋だけで，この場合低温部→高温部へと熱が移動することはありえません。しかし，エアコンを動かすという代償を払いますと，低温部→高温部へという熱の移動が可能になります。逆にいうと，低温部→高温部へと熱を移動させるにはエアコンを動かすという外部の変化が必要であり，無償でこのような熱の移動を起こすわけにはいきません。

　同様に，トムソンの原理は熱を仕事に変えるのは不可能だと述べているのではありません。現に熱エネルギーを仕事に変えるような装置を**熱機関**といい，これには蒸気機関，ガソリン機関，ディーゼル機関，ロケットなど多種多様なものがあります。一昔前，蒸気機関で動く SL は陸上交通の花形で，とくにわが国戦後の経済復興に大きな貢献をしました。1960 年ころのアメリカの雑誌タイムズあたりには SL に乗車した機関手の写真が掲載され，われわれは日本に学ぶべきだといった宣伝が載っていました。なにしろアメリカでは自動車に押され，鉄道は斜陽産業になりつつあったのです。その自動車を動かしているのはガソリンを使ったエンジンです。さらにロケットは，人類を遠く月まで送ってくれました。熱機関が現代文明を支える大きな支柱である点は，どなたにも異論はないでしょう。

　熱機関では燃料を燃やしそのとき発生する熱を利用して，適当な気体(作業物質)を膨張あるいは圧縮させ 1 サイクルの状態変化を行

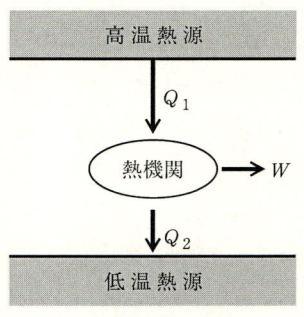

図7.5 熱機関

います．この場合，蒸気機関ではシリンダーの外部のボイラーで蒸気を作りそれをシリンダーの内部に送り込みます．このように，シリンダーの外部で燃料を燃やすタイプを**外燃機関**といいます．一方，ガソリン機関ではガソリンと空気の混合気体をシリンダー内に注入し，電気プラグの点火により爆発を起こさせます．燃料をシリンダー内部で燃やしますので，この種のタイプを**内燃機関**といいます．

一般に熱機関では1サイクルの後，熱は回りの環境に捨てられますが，熱力学で熱機関を扱うとき，燃料の燃えるところを抽象的に**高温熱源**，回りの環境を**低温熱源**と呼んでいます．例えば，蒸気機関では蒸気，ガソリン機関では爆発したガソリンの気体が高温熱源となります．1サイクルの後，図7.5に示すように熱機関は高温熱源から熱量 Q_1 を吸収，低温熱源に Q_2 の熱量を放出し，外部に仕事 W を行います．エネルギー保存則により $W = Q_1 - Q_2$ が成り立ちます．ここで

$$\eta = \frac{W}{Q_1} = \frac{Q_1 - Q_2}{Q_1} \qquad (7.5)$$

で定義される **効率** η（ギリシア文字でイータと読みます）を導入します．これは，高温熱源から受け取った熱量の何パーセントが実際に仕事になったかを表す量です．もし効率 100% の熱機関が実現可能だとすれば，$Q_2 = 0$ で 1 サイクルの後，熱機関，低温熱源に変化はなく，高温熱源に注目すると，外部にはなんらの変化なしに熱量 Q_1 が全部仕事になるという結果になります．これはトムソンの原理と矛盾し，効率 100% の熱機関は実現しえないことがわかります．効率 100% が実現しないのは人類の技術が不完全なためではなく，熱本来の性質のためです．

熱機関と冷凍機

熱機関を逆回転させると冷凍機としての機能をもちます．図 7.5 で矢印の向きをすべて逆にすると，外部から W の仕事を加えることにより，冷凍機は低温熱源から Q_2 の熱量を吸収し高温熱源に Q_1 の熱を放出します．エネルギー保存則により，$Q_1 = Q_2 + W$ が成り立ちます．基本的にはエアコンもこの原理に基づき，力学的な仕事を使って熱を低温部から高温部に運んでいます．もし $W = 0$ にできるならエアコンなしで涼しい部屋にいられることになります．しかし，そんなうまい話はないというのがクラウジウスの原理の教えで，これも熱本来の性質のためです．

7.4　エントロピー増大則

混合のシミュレーション

7.2 節で不可逆過程のいくつかの例について述べました．このうち，混合の問題は比較的わかりやすくシミュレーションも可能です．

以下，トランプのカードでモデル実験を行いますので，不可逆過程の感じを摑んでいただきたいと思います．トランプにはハート，ダイヤの赤札が 26 枚，スペード，クラブの黒札が 26 枚ありますが，赤札が窒素分子，黒札が酸素分子を表すと想定します．最初に，図 7.4 に相当し，赤札全部を左の山，黒札全部を右の山に分けます．このようなカードの配置は一義的に決まりますので，出発点は完全に秩序のある状態といえます．

図 7.4 で仕切りをはずすと分子の交換が起こりますが，これに対応し左の山から例えば 2 枚，右の山から 2 枚選んで両者を交換します．この 1 回目の交換により，左の山の赤札の数は当然 24 枚となります．気体の混合の場合，分子は熱運動していますが，この運動をシミュレートするため，交換の後，両者の山をよく切ります．その後，再び左右の山から 2 枚ずつ選び両者を交換し，以下このような手続きを繰り返していきます．左の山に注目し，赤札の数を交換の度数に対してプロットした一例を図 7.6 の実線で示しました．赤札の数は増減しながら，何回も交換を行うと最終的にちょうど 26 枚の半分 13 枚に落ち着きます．ある程度予想されると思いますが，5 枚ずつ交換すると図 7.6 の破線のように，少し早い段階で 13 枚に落ち着きます．なお，赤札は運動エネルギーの大きい分子，黒札は運動エネルギーの小さい分子とみなせば，このようなシミュレーションは熱伝導に対応すると考えられます．2 枚，5 枚という交換のカード数を変え，例えば 3 枚にしたらどうなるでしょうか．興味のある方は自分で実験してください．

実際の手続きでは，意外とトランプを切るのがやっかいです．52 枚だとふだん慣れているのに，26 枚だと少々勝手が違うのです．麻雀をおもちの方はパイを 2 種類に分け同じような実験を行えば，パ

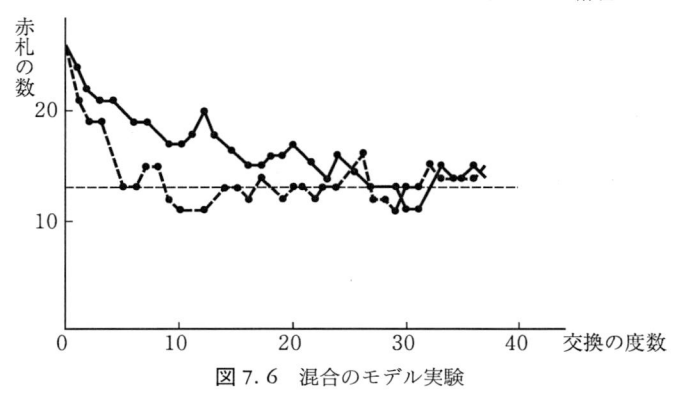

図7.6　混合のモデル実験

イをかきまぜるのはトランプより簡単かもしれません．あるいは，白と黒の碁石を交換させるという方法も考えられます．

　以上のモデル実験では完全な秩序状態から出発し，最終的には1つの山にほぼ13枚ずつの赤札と黒札が配置される，いわば完全な無秩序状態が実現しました．逆に，完全な無秩序状態から出発しカードの交換を繰り返していっても，完全な秩序状態には戻りません．これは，空気が窒素と酸素とに分離しないことに相当し，そのような点でいまのモデル実験は不可逆過程を記述しているといえます．

エントロピー

　熱力学ではエントロピーという量が定義され，これは可逆過程では不変，不可逆過程では増加するという性質をもっています．自然界の現象は多少とも不可逆過程を含みますので，エントロピーは減少することはありません．これを**エントロピー増大則**といいます．この法則は熱力学第二法則の側面を表すものと考えられます．

　実は，エントロピーは微視的な面から考えた方がわかりやすいのですが，上述のモデル実験を例に定性的な解説をしましょう．まず，

モデル実験の出発点では左の山に赤札全部，右の山に黒札全部といった具合に完全な秩序状態が一義的に決まっています．このように状態が1つだけのとき，エントロピーは0であると定義します．次に2枚のカードの交換を行うと左の山に2枚の黒札が混じり，秩序状態が乱れ多少無秩序の状態になります．さらに交換を繰り返すと，黒札の数が増え無秩序の程度が進むと考えられます．そのさい，無秩序の度合いが増えればそれに伴い増大するようにエントロピーが定義されています．このため，図7.6で横軸が時間であると想定しますと，時間の経過に伴いエントロピーが増加することになります．しかし，エントロピーは無制限に増えるわけではありません．

カードの交換を何回も繰り返していきますと，赤札と黒札がちょうど半々ずつ左と右の山に配置されるようになります．この完全な無秩序状態のとき，エントロピーは最大です．一般的には，エントロピーは状態に変化が起こると増大する性質をもちますので，エントロピーが最大に達するとそれ以上状態の変化が起こらず体系は熱平衡に到達します．熱力学では，外界と熱のやりとりをしない体系（断熱系）の熱平衡条件はエントロピー最大であるということが知られています．

ゆらぎ

図7.6で赤札の数を表す関数は，単調に変化するのではなく増減を繰り返すような振る舞いをします．この現象を**ゆらぎ**といいます．熱力学で問題になる物理量，例えば圧力，内部エネルギーなどは一定のきちんとした値をもつのではなく平均値の回りでゆらいでいます．ただ，このようなゆらぎは大変小さいので，普通ゆらぎが観測にかかることはありません．

ゆらぎが生じるのは，現象の中に統計的な要素が入るためです．大学3年のとき，平田森三先生という方の「統計現象論」という講義がありました．同級生のうち，この科目のレポートを提出したのは私を含め2名でした．私は麻雀パイをかき回し，本質的には図7.6とよく似た実験のレポートを提出した記憶があります．もう一人の提出者はその後文部大臣を務めた有馬朗人氏で，彼は株価の変動をリポートの種にしたそうです．図7.6は株価の変動を表すといわれてもそれほどの違和感はありません．株価の変動は統計現象であることは違いないでしょうが，その変動を予言するのは至難の技です．それが可能なら世の中の人はみな大金持ちになることでしょう．

8　静電気との出会い

　静電気は，私たちの身の回りで観測される比較的なじみのある物理のテーマです．ここでは摩擦電気から話を始め，ボルタの帯電列，電荷，クーロンの法則，電場，導体，誘電体など静電気に関係する基礎概念について説明することにします．

8.1　身近な静電気

　冬の乾燥しているある日，小学生だった私は，着ていたセーターの腋(わき)の下でセルロイドの下敷きをしっかり挟み前後に運動させました．10秒くらい後，開いたノートの上方に下敷きをもっていくと，紙は下敷きに引かれもちあがります．下敷きを頭の上にもっていくと，頭髪は逆立ち「怒髪天(どはつてん)を衝(つ)く」といった感じになりました．友達と逆立った頭髪を見つめ合い，お互いに大笑いしたものです．皆さんも似たような体験をされたと思いますが，このような現象はいうまでもなく静電気のなせる技です．

　中学，高校へと進学し物理のことがわかってくると，電気を帯びたセルロイドの下敷きに拳(こぶし)を近づけ火花放電させたり，その近くのラジオでガリッという雑音を聞き，電磁波の発生を確認したりしました．雷が近づくと稲光が光るたびにラジオに雑音が入り，雷鳴と同時にこの雑音は夏の風物詩であったと記憶しています．しかし，このころセルロイド，雷以外，日常生活で静電気の存在を感じさせる現象は体験しなかったように思います．

1959 年にアメリカに留学しましたが，冬のある日，研究室の鍵をあけようとした途端静電気に感電し，びっくりしたことがあります．ハイウェーをドライブしているとき，前方のガソリン輸送車の後尾に吊るされた鎖の先端が路面に触れ火花を発しているのを目撃し，カルチャーショックを経験しました．車に溜った静電気をこのような方法で地球に逃がさないと，スパークし火事の原因になるとの話でした．わが国でも高度経済成長後，衣類，住居などが改善され，電気に対する絶縁性がよくなったせいでしょうか，日常的に静電気の存在を実感する事件が増えました．ドアノブに触れて感電したり，衣類の裾が絡まったりするのは日常茶飯事になってしまいました．このように書くと，静電気は困り者という感じですが，コピー機や空気清浄器は静電気を利用する装置です．静電気には有用な点も多いのですが，この方面に興味のある方は参考文献[1][2]をご覧になってください．

摩擦電気

　私は，線を引いたりするのに普段2種類のプラスチック製のものさしを利用しています．一見したところ両者は同じ材質でできているように見えますが，セーターでこすったとき一方は電気を生じますが，他方はまったく電気を生じません．どうも両者は違った物質のようです．皆さんも身の回りのもので同様な試みをしてください．

　一般に，異なる物質同士をこすり合わせると，摩擦により電気が生じます．このような電気を**摩擦電気**といいます．この場合，一方の物質は正（＋），他方は負（－）の電気をもつようになります．

8 静電気との出会い　125

帯電と電荷

　物質の構成要素である原子では，正電気をもつ原子核の回りを何個かの負電気をもつ電子が運動しています．この場合，正の電気量と負の電気量の大きさは等しく，原子は全体として電気をもたないように見えます．このように正負の電気量が同量で，結果的に電気のない状態を**電気的中性**といいます．塩化ビニル棒(あるいはエボナイト棒)を毛皮でこすると，毛皮の電子が塩化ビニル棒に移動し，塩化ビニル棒では電子が多くなり全体として負の電気を帯びるようになります．逆に，毛皮では電子が不足して全体として正の電気を帯びます．

　このように，正や負の電気を帯びる現象を**帯電**といい，帯電した物体の電気量を**電荷**といいます．電荷という用語は帯電した物体そのものを表すのに使われることもあります．

ボルタの帯電列

　電気の正負は，歴史的には摩擦電気の符号から決められました．このような正負を決めるのが**ボルタの帯電列**で，図8.1のように表されます．この列の2種類の物質をこすり合わせたとき，順序の前のものが正に後のものが負に帯電します．この結果を理解するには，帯電列の前の物質ほど電子を失いやすく，逆に後のものほど電子を受け入れやすいと考えればよいわけです．金属は，自由に動き回る電子をもっていて，これを**自由電子**といいます．金属は電流を流しやすい性質をもちますが，それは自由電子の存在に起因します．帯電列からわかるように，金属は電子を失うより受け入れる性質をもっています．帯電した物体は周辺にある小紙片を引き付け，そのような意味で帯電体の周辺は通常の空間と違った性質をもつと考えら

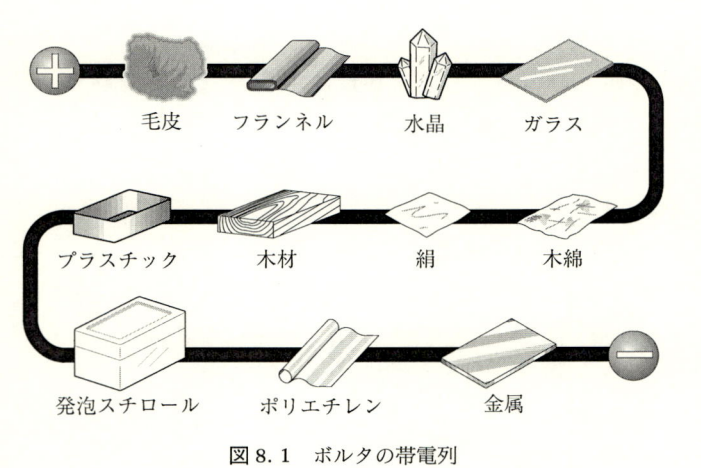

毛皮　フランネル　水晶　ガラス

プラスチック　木材　絹　木綿

発泡スチロール　ポリエチレン　金属

図 8.1　ボルタの帯電列

れます．この種の空間を**電場**とか**電界**と称します．

8.2　クーロンの法則

クーロンの法則

　帯電した物体が十分小さければ，それを点とみなすことができます．このような大きさの無視できる点状の電荷を**点電荷**といいます．点電荷は，ちょうど力学における質点に対応するものと思えばよいでしょう．電荷には正負の 2 種がありますが，同種の電荷(正と正，負と負)は反発し合い(斥力)，異種の電荷(正と負)は引き合います(引力)．この力を定量的に調べたのはフランスの物理学者クーロンです．彼は 1784 年精密なねじれ秤の製作に成功しましたが，これは 9×10^{-9} N の力が測定できるすぐれものでした．前に述べたように，1 N はほぼ 100 g の物体に作用する重力に相当しますので，上述の

8　静電気との出会い　127

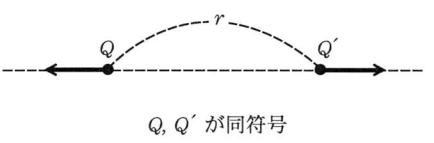

Q, Q' が同符号

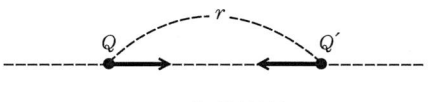

Q, Q' が異符号

図 8.2　クーロンの法則

秤は $9 \times 10^{-7}\,\mathrm{g}$ という微量な質量が測定できます．クーロンはこの
ねじれ秤を用い，同種や異種に帯電した 2 つの小球間に働く力を測
定しました．彼は実験の結果，点電荷の間に働く力は点電荷を結ぶ
直線上に働き，その大きさは点電荷間の距離 r の 2 乗に反比例し，
それぞれの電荷 Q, Q' の積に比例することを見いだしました．すな
わち

$$F = k\frac{QQ'}{r^2} \qquad (8.1)$$

の関係が成り立つわけで，これを**クーロンの法則**といいます．ただ
し，$F>0$ は斥力，$F<0$ は引力を表すものとします(図 8.2)．また
このような電気的な力を**クーロン力**といいます．

電荷の単位

(8.1)式の比例定数 k は用いる単位系によって異なります．旧制
高校で電磁気学の講義を聞いた一昔前，k が 1 になるよう電荷の単
位が決められていました．私にはこの単位系が自然なように思えま
すが，電流の実用的な単位であるアンペアとの関係があまりしっく

りしません．そのためアンペアと密接に関係した電荷の単位として，国際単位系では**クーロン**(C)を用います．いうまでもなく，このクーロンはクーロンの法則にちなみ命名されたものです．国際単位系で k は

$$k = \frac{1}{4\pi\varepsilon_0} \qquad (8.2)$$

と表され，この式中の ε_0 を**真空の誘電率**といいます．ε_0 は

$$\varepsilon_0 = \frac{10^7}{4\pi c^2} \frac{C^2}{N\cdot m^2} = 8.854\times10^{-12} \frac{C^2}{N\cdot m^2} \qquad (8.3)$$

で与えられます．ただし，c は**真空中の光速**で

$$c = 299792458 \text{ m/s} \qquad (8.4)$$

と決められています．上記の数値は光速の定義であるとご理解ください．(8.2)式は，厳密にいうと真空中におかれた点電荷に対して成り立つ関係です．

　一般に，物質中にある点電荷間に働くクーロン力は(8.2)式で ε_0 を ε で置き換えた式で与えられます．この ε をその物質の**誘電率**といいます．また，$k_\varepsilon = \varepsilon/\varepsilon_0$ で定義される k_ε を**比誘電率**といいます．k_ε は無次元の量です．例えば，乾燥した空気の $20\,^\circ\mathrm{C}$ での k_ε は $k_\varepsilon = 1.00054$ で，これからわかるように空気中でも真空中とほとんど同じであると考えてかまいません．(8.2)～(8.4)式により，k は下記のように表される点に注意しておきましょう．

$$k = \frac{c^2}{10^7} \frac{N\cdot m^2}{C^2} = 8.99\times10^9 \frac{N\cdot m^2}{C^2} \qquad (8.5)$$

電気素量

原子のうちで水素原子はもっとも簡単な構造をもちますが，水素

8 静電気との出会い 129

原子では1個の陽子の回りを1個の電子が回っています。陽子は e,
電子は $-e$ の電荷をもちますが、この e を**電気素量**あるいは**素電荷**
といいます。e の数値は

$$e = 1.602 \times 10^{-19} \, \text{C} \tag{8.6}$$

で与えられます。巨視的な物体がもつ電荷量は上の電気素量の整数
倍ですが、e が非常に小さいため電荷量は連続的な量であるとみな
すことができます。

クーロン力の例

クーロンという単位は元来電流と結び付いているため、静電気の
立場ではあまりピンとこない量です。1 m とか 1 kg という単位は
直感的にただちに把握できますが、これまでの説明で 1 C という電
荷量がどの程度ご理解できたでしょうか。たぶん答えはノーでしょ
う。そこで、身近な例を取り上げ、電荷に対する感じを摑むことに
しましょう。

先ほど私の使っているものさしの話が出てきましたが、これに静
電気を起こさせたところ、0.5 cm 四方の小紙片がそれに引き付けら
れ、机の上で直立状態になっている様子が観測されました。ものさ
しと小紙片の距離はほぼ 1 cm でした。ものさしに生じた電荷はも
のさし全体に広がっているのでしょうが、これを点電荷とみなすこ
とにします。強引かもしれませんが、現在は精密な計算をするので
はなく、電荷の大体の桁数がわかればよいのでこれで満足すること
にします。また、小紙片が直立になっているので、クーロン力は重
力と釣り合っているとみなせます。この小紙片は A4 判のコピー紙
から切り取ったもので、20 枚のコピー紙の質量は 70 g と測定され
ました。したがって、1 枚当たりの質量は 3.5 g となります。コピー

紙の面積はほぼ 620 cm² で，これからいまの小紙片の質量は 1.4×10^{-3} g と計算されます．100 g の物体に働く重力がほぼ 1 N ですから，小紙片に働く重力は 1.4×10^{-5} N と表されます．ものさし，小紙片に溜まった電荷量の大きさを Q とし，重力とクーロン力を等しいとおくとクーロンの法則から

$$1.4 \times 10^{-5} = \frac{8.99 \times 10^9 Q^2}{10^{-4}}$$

が得られます．ただし，数値はすべて国際単位系を使っています．これから $Q = 3.9 \times 10^{-10}$ C と計算されます．静電気の問題を扱う場合，C の単位は大き過ぎるので $1 \mu C = 10^{-6}$ C で定義される**マイクロクーロン**を使うことがあります．これを用いると上記の Q は $Q = 3.9 \times 10^{-4} \mu C$ と表されます．いずれにせよ，静電気の電荷量は大変微量であることがわかりました．

8.3 電　場

電気や磁気に関する物理の分野を**電磁気学**といいます．帯電体の周辺の空間を電場といいますが，電場は電気が生じている空間を表すだけでなく，電気の強さを表す物理量として，電磁気学で重要な意味をもちます．以下，このような意味での電場について考えていきましょう．

電場の強さ

空間中の 1 点に微小な電荷 δQ をおいたとき，δQ が十分小さければこの電荷は周囲の状況に影響を及ぼしません．このような電荷を**試電荷**といいます．試電荷に働く力 F はクーロンの法則により

δQ に比例しますが，これを

$$\boldsymbol{F} = \boldsymbol{E}\delta Q \qquad (8.7)$$

と表し，ベクトル $\boldsymbol{E}$ を**電場の強さ**，**電場ベクトル**または単に**電場**といいます．上式で $\delta Q=1$ とおけばわかるように，単位正電荷に働く力が電場であると考えることもできます．空間の1点が決まるとベクトルが決まりますが，この種の空間を**ベクトル場**といいます．

電場の簡単な例として，図8.3のように原点Oに電荷 Q の点電荷がおかれているとします．原点を中心とする半径 r の球面を考え，この球面上での電場の大きさ E を求めましょう．そのため，クーロンの法則(8.1)式で $Q'=1$ とおきますと，E は

$$E = k\frac{Q}{r^2} \qquad (8.8)$$

と表されます．また，クーロン力は原点Oと注目する点を結ぶ直線の方向をもちます．このため，電場の方向は球面と垂直になります．Q が正の場合には電場は球の中心から外向きですが，Q が負のときには中心に向かうような向きをもちます．図8.3は $Q>0$ の場合を示しています．(8.7)式からわかるように，電場の次元を考えます

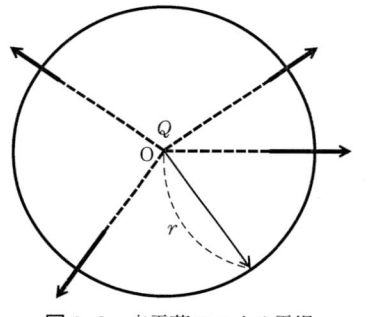

図8.3　点電荷のつくる電場

132

と［力］＝［電場］［電荷］という関係が成り立ち，このため電場の単位は N/C と表されます．後で述べるように，電位の単位 V を使い，電場の単位は V/m とも書けます．

電気力線

電場を直感的に記述するのによく**電気力線**という考えが利用されます．すなわち，各点における接線がその点における E の方向と一致するような曲線が電気力線ですが，これは流体中の速度を表す流線と似ています．電気力線の例を図 8.4 に示しておきました．E は単位正電荷に働く力ですから，電気力線は正の電荷から出発し負の電荷で終わります．正電荷は電気力線が湧き出す所，負電荷はそれが吸い込まれる所になっています．

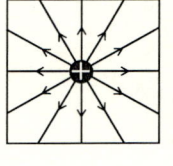
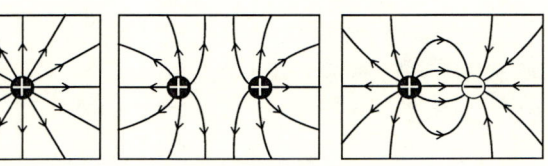

図 8.4　電気力線の例

電位と電位差

試電荷 δQ には(8.7)式で与えられる力が働きますが，点 A から適当な基準点まで試電荷を移動させるとき，この力のする仕事 W_A を考えてみます．この仕事 W_A は当然 δQ に比例しますが $W_A = V_A \delta Q$ とおき，V_A を定義します．この V_A を点 A における**電位**といいます．いいかえると，V_A とは，単位正電荷を基準点まで移動させるとき電場のする仕事を意味します．基準点として普通はクーロン

力の及ばない無限遠を選びますが，基準点の決め方はどうでもかまいません．しかし，一度基準点を決めたら，最後までそれを守る必要があります．

図8.5に示すように，点Aにおける電場 E の方向に微小距離 $\varDelta x$ だけ離れた点Bをとります．試電荷 δQ をAからBまで移動させるとき力のする仕事は，$E\delta Q\varDelta x$ と表されます．一方，点Aから基準点に至るまで力のする仕事は，点Aから点Bに試電荷を移動させるのに必要な仕事と点Bから基準点に至るまでの仕事の和に等しいと考えられます．すなわち

$$V_\mathrm{A}\delta Q = E\delta Q\varDelta x + V_\mathrm{B}\delta Q$$

の関係が成り立ちます．δQ は共通ですから方程式から消え

$$E\varDelta x = V_\mathrm{A} - V_\mathrm{B} \tag{8.9}$$

が得られます．上式の右辺 $V_\mathrm{A} - V_\mathrm{B}$ をAB間の**電位差**または**電圧**といいます．図8.5で点Bは電場の向きにとりましたから $E > 0$ で，(8.9)式から $V_\mathrm{A} > V_\mathrm{B}$ となり電場は電位の高い方から低い方へ向かうことがわかります．

電位の次元を考えると，[仕事]＝[電位][電荷] が成立します．国際単位系での電位の単位は**ボルト**(V)ですが，上の関係から V＝J/C と書けます．また，(8.9)式から [電場]＝[電位]/[長さ] となり，電場の単位は V/m とも表されます．

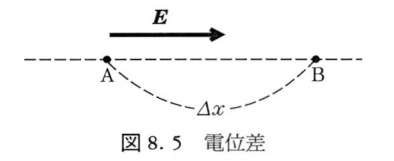

図8.5　電位差

電子ボルト

電子は負の電荷をもちますので，図8.6に示すように電子に働く力は電位の低い所(陰極)から高い所(陽極)へと向かいます．このため，電子が陰極から陽極まで移動するとき，力のする仕事は(8.9)式の Δx が l であると考え $e(V_A - V_B)$ と書けます．電子の質量を m とし，初速度0で陰極を出た電子が陽極に達したとき v の速さをもつとすれば，力学の関係を利用し

$$\frac{1}{2}mv^2 = e(V_A - V_B) \tag{8.10}$$

となります．とくに1Vの電位差で加速された電子がえた運動エネルギーは，(8.6)式を利用し，(8.10)式で $(V_A - V_B)=1\,J/C$ とおけば $1.602\times10^{-19}\,J$ と計算されます．このエネルギーを **1電子ボルト** (eV)といいます．すなわち

$$1\,eV = 1.602\times10^{-19}\,J \tag{8.11}$$

が成り立ちます．電子の質量は $m=9.11\times10^{-31}\,kg$ ですから，1eV の運動エネルギーをもつ電子の速さは $v=5.93\times10^5\,m/s$ と計算されます．電子ボルトは原子や分子の問題を扱う際，ちょうど手頃なエネルギーの単位としてよく使われています．

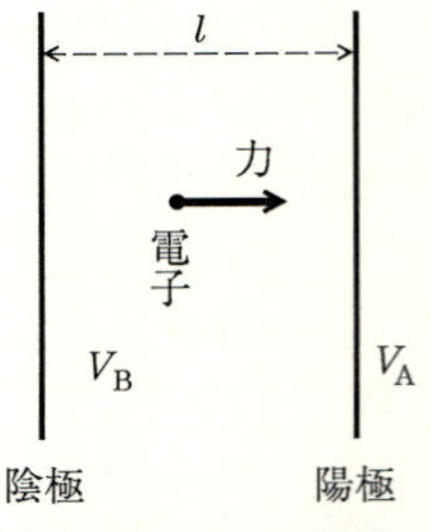

図 8.6 電子の加速

8 静電気との出会い　135

8.4　導体と誘電体

　静電気という用語は電気が静止している状態を意味し，このため
静電気の問題を考える際，電気の流れすなわち電流がないことを前
提としています．また，一切は静止したままとしますので，8.3節で
導入した E は時間 t に依存しません．このような電場を**静電場**とい
います．ここでは，静電場におかれた物質の電気的な性質について
考えていきましょう．

導　体

　家電製品のコードには銅線が使われていますが，これは銅が電気
をよく通すためです．図8.1の帯電列の一番右側にある金属は，8.1
節で述べたように自由電子を含み，電気を通しやすい性質をもちま
す．電磁気学の立場では，このように電気をよく通す物質を**導体**と
いいます．導体の内部に 0 でない電場が存在すると，自由電子に力
が働き内部に電流が流れ，静電場を扱っていることと矛盾します．
したがって，静電場の立場では導体中で $E=0$ であると考えること
ができます．導体の外部では電場は 0 となる必要はありません．

　しかし，導体表面で外側の電場が表面方向の成分をもつと，電子
に表面方向の力が働き表面電流が流れます．このため，表面の外側
で E は表面と垂直でなければいけません．試電荷を表面上で移動
させると，試電荷に働く力と移動方向が垂直となり，垂直抗力が仕
事をしないのと同じ事情になります（図8.7）．導体の表面上で任意
の 2 点は同電位となり，導体の表面はすべて同じ電位をもつことに
なります．一般に，電位が同じ点を結ぶと空間中に 1 つの曲面が描

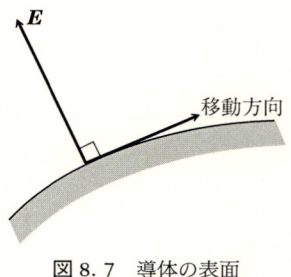

図 8.7　導体の表面

かれますが，これを**等電位面**といいます．静電場中では導体の表面は等電位面となっています．さらに，導体の内部では $E=0$ ですから，導体内部で試電荷を移動させるとき力のする仕事も 0 となり，導体は表面を含めすべて同じ電位をもつことがわかります．もし，導体の内部で 0 でない電荷があるとその周辺に 0 でない電場が生じ $E=0$ の結果と矛盾します．したがって，導体内部で電荷は生じず電気的中性が保たれます．電荷は導体の表面に発生し，内部の電場が 0 になるよう分布します．

誘電体

　図 8.1 で金属以外は電気を通しにくい，いわゆる**絶縁体**です．金属と絶縁体との定量的な違いについては次章で扱いますが，絶縁体がどんな構造をもつか少々考えてみましょう．一般に，物質は原子核と電子から構成されますが，導体では原子核の束縛を逃れた自由に動き回る電子が存在し，これが自由電子となります．しかし，固体の絶縁体では原子核が結晶格子を作り，電子はそれに強く束縛され自由に運動できないため，電流が流れないという事情が起こります．また，気体や液体の絶縁体の場合には，原子核と電子とがいつ

8　静電気との出会い　　137

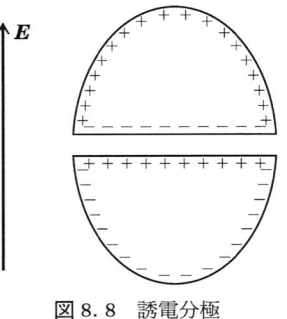

図 8.8　誘電分極

も一体となり動き回るため，正負の電荷がちょうど打ち消し合い結
果として電流が流れないことになります．電磁気学では，物質のこ
のような微視的な構造には立ち入りません．その代わり，絶縁体で
は電場がないとき正電荷と負電荷が一様に分布していて，全体とし
て電気的中性が保たれていると仮定します．

　絶縁体に外部から電場 E を上向きに作用させると，電荷に働く
力のため正電荷は上向きに，負電荷は下向きに移動し，正電荷と負
電荷とが相互に少しずれます．この場合，絶縁体の内部では正負の
電荷が重なっているため，電気的中性が実現します．しかし，上側
の表面は正に，下側の表面は負に帯電します．この現象を**誘電分極**，
また，表面に生じる電荷を**分極電荷**といいます．誘電分極を起こす
物質という意味で，絶縁体のことを**誘電体**といいます．

　ここで，絶縁体を仮に 2 つに分割したとすると，図 8.8 のように，
それぞれの部分が誘電分極を起こします．このような分割を繰り返
し行っても結果は同じで，そのたびに誘電分極が起こります．すな
わち，分極している誘電体のどの部分を切り出しても，同じような
分極した状態になっていると考えられます．これは，磁石をいくら
切っても，そのたびに N, S という 2 つの極をもつ磁石が実現する

のと同じ事情です.

電気双極子

誘電分極を少々微視的な立場から考えてみましょう. 例えば水素原子の場合, 陽子を中心に電子が回っていますが, これに電場をかけると電子の平均的な中心が陽子の位置と少しずれ, 結果的に正電荷と負電荷とがある距離だけ離れて存在することになります. また, HCl分子では電場がなくても電子はCl原子の方に偏在し, H原子が正, Cl原子が負の電荷をもつと考えられます. このような状況を表すため, わずかに離れた正負2つの点電荷 $\pm q$ を導入し, このような一組の電荷のペアを**電気双極子**といいます. 図8.4の一番右側の図は, 電気双極子のつくる電気力線を表しています. また, 電荷間の距離を l とし

$$p = ql \tag{8.12}$$

で定義される p を**電気双極子モーメント**の大きさといいます. 上式からわかるように p の次元は $[p] = [$電荷$][$長さ$]$ で, その単位はCmと表されます. 例えば上記のHCl分子の電気双極子モーメントの大きさは, 各種の実験結果から 3.4×10^{-30} Cmと測定されています. 電場がなくても発生している電気双極子を**永久電気双極子**といいます. 磁石を扱うときにも同じような体系を考えますが, これについては第10章で述べましょう.

9 電池と電流

電池のデモンストレーションとしてオレンジに銅と亜鉛の電極を挿入した電池を紹介します。その後，電流と関連し，電流のキャリヤー，オームの法則，抵抗率，電力，ジュール熱などについて考えていきます。本章では話を直流に限ることにしましょう。

9.1 電池をめぐって

各種の電池

小学校高学年での私の愛読書の1つは誠文堂新光社発行，山北藤一郎著『少年技師の電気学』という書物でした。電池，オームの法則，変圧器，モーターなどを大変わかりやすく説明してあり，詳しい理論は別として，電磁気学に関する大まかな基礎知識はこのとき獲得できたように思えます。この本で電池については次のような説明がありました。すなわち，希硫酸に亜鉛と銅の電極を挿入し，両極の間に豆電球をつなぐと，豆電球が点火し電流の流れることがわかるといった具合でした。

放送大学で電流の講義をする機会がありましたが，電池のデモンストレーションを取り入れることになりました。担当のディレクターは，この方面のベテランで，オレンジを利用する電池を準備してくれました。すなわち，オレンジに銅と亜鉛の電極を挿入すると電池となりますので，電極間に発光ダイオードを入れ発光する様子をテレビで放映したわけです。前述の希硫酸の代わりにオレンジの果

汁を利用しましたが，レモンを使っても同じことができます．レモン電池は理科教材として人気があるようで，YAHOO! JAPAN で検索すると 70 件程度のホームページ[1] が見つかります．興味のある方はご参照ください．

電池の原理

電池の原理は異種類の金属が酸に溶ける際，溶け方の程度が違うため両者の間に電位差が生じるということです．この電位差を**起電力**といい，ボルト (V) で測ります．物理の立場から見てもっとも簡単な電気器具は，電池を利用した懐中電灯です．電池には単 1 から単 4 まで大きさの異なる各種のものがありますが，いずれも 1 個の電池の起電力は 1.5 V です．何個かの電池を直列につなぐと，全体の起電力は 1 個の電池の起電力の個数倍となります．例えば，3 個直列にしたときの起電力は 1.5 V×3＝4.5 V です．普通，懐中電灯では，電池を 2 個ないし 3 個直列にしています．エネルギーという観点からいえば，電池とは化学的エネルギーを電気的エネルギーに変換する装置ですが，一般に電気的エネルギーの供給源を**電源**といいます．電池は**陽極**（＋ 極）と**陰極**（－ 極）の 2 つの極をもち，通常，陽極を細長い線，陰極を太く短い線で表します．豆電球を電池につなぐと豆電球が光りますが，これは電池から流れ出た電気をもつ粒子 (荷電粒子) が，豆電球を通るとき，荷電粒子の力学的エネルギーが光のエネルギーに変わるためです．静電気の復習にもなりますが，荷電粒子は電荷とも呼ばれ，その流れが**電流**です．

電池の利用

単 1 から単 4 までのありふれた電池以外に，ポケコンとか万歩計

に使われるコンパクトな電池もあります．これらは放電後は再使用できず，いわば使い捨てで，**一次電池**と呼ばれています．ちょっと身の回りを眺めてみると，テレビやエアコンやカーナビのリモコン，血圧計，時計，カメラ，電卓，ワープロの記憶装置などの電源として一次電池が利用されています．これ以外の応用例を皆さんも考えてください．

　古い話で恐縮ですが，戦時中，電池は貴重な物資として配給制度の下で入手していたように記憶しています．空襲などによる停電に備え，懐中電灯の電源にするのが主な使用目的でした．当時，B29の爆撃に関する情報はラジオの臨時ニュースとして報道されましたが，停電になると肝心のラジオが聞こえなくなってしまいます．そのような危機管理として電源の要らない鉱石ラジオを自作し，停電の際，これでキャッチした情報を近所の人達に伝達した思い出があります．しかし，レシーバーで聞く音はそれこそ蚊の鳴くような小さな音で，いつかはガンガンする音を聞きたいと願っていました．終戦直後，あちこちで闇市が立ち，電池やそれで作動する真空管が購入できました．次章で触れますが，普通，真空管は 200 V 程度の電源が必要です．しかし，特別な真空管(UX-111B といったと思いますが)を使うと，電池数個を電源としてラジオが製作できます．そのような単球ラジオを製作し，終戦後大流行のリンゴの歌をレシーバーでガンガン聞くことができました．いまでもナツメロの放送で「赤いリンゴに　口びるよせて　だまってみている　青い空…」という歌詞が流れるとそのときの情景が思い出されます．残念ながら，当時の電池ははなはだ短命で，4, 5 日するとダウンしてしまいました．現在の電池が長寿になったのには時々驚くことがあります．使い捨ての電池の他に，充電して繰り返し使用できるものもあり，こ

142

れらは**二次電池**とか**蓄電地**と呼ばれています．典型的な鉛蓄電地の起電力は２Ｖです．二次電池は，自動車のバッテリー，電気シェーバー，携帯電話などに利用されています．

直流と電流の単位

電池に豆電球をつないだ場合，電流は電池の陽極から陰極へと一方的に流れます．このような一方向きの電流を**直流**といいます．

電流の大きさを測るのに，電流計を利用します．電流の単位は**アンペア**(A)で，これは１ｓ当たり１Ｃの電荷が流れる場合に相当します．すなわち，A＝C/sと書けます．微弱な電流を測るときには**ミリアンペア**($=10^{-3}$ A，mA)や**マイクロアンペア**($=10^{-6}$ A，μA)などの単位を用います．

電流のキャリヤー

物体中を電流が流れるのは，その中に存在する荷電粒子が電気を運ぶためです．一般に，電気を運ぶものを電流の**キャリヤー**といいます．キャリヤーには大別して２種類あり，正の電気量をもつものと負の電気量をもつものとがあります．金属の場合，前章でも紹介しましたが，キャリヤーは負の電気量をもつ電子です．電子は電池の陰極から出て陽極に入り，その流れの向きは電流の向きと逆になります．また，半導体の場合を考えてみますと，ｎ型半導体のキャリヤーは電子ですが，ｐ型半導体では「正孔」と呼ばれる正の電気量をもつ荷電粒子です．電流のキャリヤーにはこの他いろいろなものがありますが，電磁気学ではそのミクロな実体はあまり問題とせず，正の荷電粒子(正電荷)と負の荷電粒子(負電荷)の２種を考えます．正電荷は電池の陽極から出て陰極に入り，負電荷は陰極から出

9 電池と電流　143

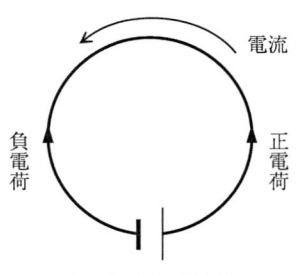

図 9.1　電流の向き

て陽極に入ります(図 9.1)．これまでの歴史的な取り決めにより，電流の向きは正電荷の流れる向きです．

9.2　オームの法則

電圧と電気抵抗

　電位とか電圧については前章で説明しましたが，本章でこれらと電流との関係について考えていきます．その際，電流と水流とのアナロジーを利用しましょう．水は高い所から低い所へ流れますが，電流の場合，この高さに相当するものが電位，高さの差に相当するものが電位差または電圧です．電圧の単位はボルトですが，これは電圧計で測定されます．実験の結果によると，一般に電流が流れている物体の両端の電圧 V と，そこを通過する電流 I との間には

$$V = RI \qquad (9.1)$$

という比例関係が成り立ちます．第 3 章で触れましたように，これは**オームの法則**です．(9.1)式中の比例定数 R をその物体の**電気抵抗**といいます．電気抵抗の単位は**オーム**(Ω)で，1 V の電圧に対し 1 A の電流が流れるときを 1 Ω と決めています．

　例えば，6 V の起電力のバッテリーにある物体をつないだとき，3

144

A の電流が流れるとすれば，その物体の電気抵抗は $(6/3)$ $\Omega = 2\,\Omega$ となります．先ほど，懐中電灯の話が出てきましたが，手持ちの懐中電灯を調べると，豆電球の口金の所に $2.5\,V$，$0.5\,A$ という表示がしてあります．$2.5\,V$ の電圧に対して $0.5\,A$ の電流が流れるという意味で，したがってこの豆電球の電気抵抗は $(2.5/0.5)\,\Omega = 5\,\Omega$ と計算されます．

電池の内部抵抗

図 9.2(a) のように起電力 E の電池に抵抗 R をつないで電流 I を流す場合，抵抗 R を変化させ電流 I を詳しく測定すると I は必ずしも R に反比例しません．すなわち，(9.1)式に対する補正項が生じ，実験結果は

$$E = (R+r)I \qquad (9.2)$$

という形に表されます．この結果は，電池の内部に抵抗 r があり，それが外部の抵抗に加わったと解釈されますが，この r を電池の**内部抵抗** といいます．抵抗 R の両端に生じる電圧 V は $V=RI$ と書けますので，(9.2)式は

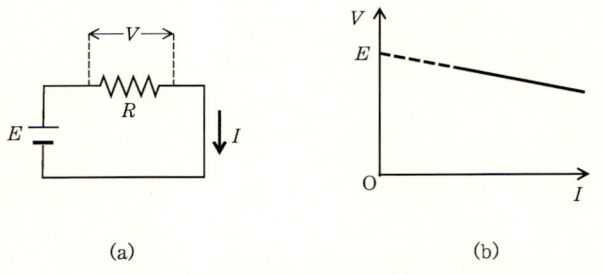

(a)   (b)

図 9.2　電池の内部抵抗

$$V = E - rI \qquad (9.3)$$

となります. I を横軸, V を縦軸にとりますと, I と V との関係は図 9.2(b) のような直線で記述されます. $I \to 0$ とする延長線上の V の値が E を与え, またこの直線の傾きから r が測定できます. バッテリーでは r が小さいので両極をショートすると大電流が流れ危険ですが, 普通の電池では r が大きいためショートしてもあまり大きな電流は流れません.

抵抗率

図 9.3 のように, 断面積が S, 長さが L の直方体状の物体の両端に電圧をかけたとします. S や L を変えて物体の電気抵抗 R を測定すると, R は L に比例し, S に反比例することが実験的にわかります. したがって

$$R = \rho \frac{L}{S} \qquad (9.4)$$

の関係が成り立ちます. この比例定数 ρ を**抵抗率**, **電気抵抗率**あるいは**比抵抗**といいます. (9.4) 式の次元を考えると, [電気抵抗] = $[\rho]$[長さ]/[長さ]^2 となりますので, 抵抗率の単位は $\Omega \cdot m$ と表されます. 抵抗率は物質の種類と温度とに依存する物理量で, その物

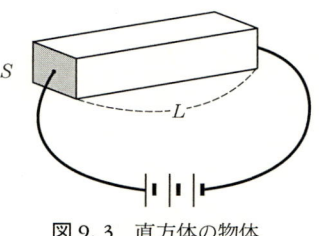

図 9.3 直方体の物体

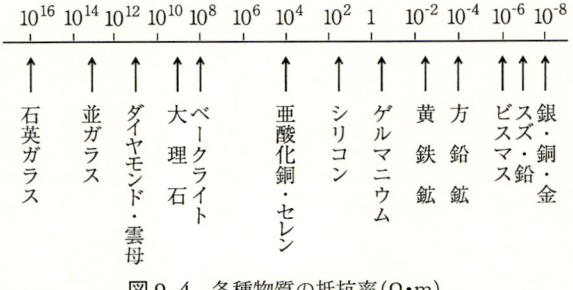

図9.4　各種物質の抵抗率(Ω・m)

質の特徴を表す物質定数です.

　いくつかの代表例について,20℃における数値を図示してみましょう.その結果が図9.4です.この図からわかるように,抵抗率は物質によって非常に大きな違いがあります.例えば,一番左の石英ガラスと一番右の銀とでは,比にして10^{24}も抵抗率が違います.物質によってこのように大幅な変化を示す物理量は他にあまり例がありません.この図のうち,右の方の銀,鉛などは金属で電磁気学の立場では前にも述べたように導体です.また,ビスマスは金属と次に述べる半導体との中間に位するもので,**半金属**と呼ばれます.逆に,ベークライトより左の方は電気を通さない絶縁体です.一方,方鉛鉱から亜酸化銅あたりまでの一群のものを**半導体**といいます.9.1節で戦時中の鉱石ラジオに触れましたが,この種のラジオは方鉛鉱,黄鉄鉱などの半導体を利用しています.さらに,ゲルマニウムやシリコンはトランジスタ,ダイオードなどの材料として,半導体産業を支える重要な物質となっています.

抵抗率の例

　抵抗率を用いると,温度,断面積,長さが与えられたとき,実験

をしなくても物体の電気抵抗を計算で求めることができます．例えば，銅の抵抗率は 0°C で 1.55×10^{-8} Ω·m ですので，断面積が 2 mm²（$= 2 \times 10^{-6}$ m²），長さが 10 m の銅線の 0°C における電気抵抗 R は，（9.4）式により

$$R = \frac{1.55 \times 10^{-8} \times 10}{2 \times 10^{-6}} \Omega = 0.075 \ \Omega$$

と計算されます．また，同温度でのニクロムの抵抗率は 107.3×10^{-8} Ω·m で，これは上述の銅のほぼ 70 倍となります．このため，0°C で断面積 2 mm²，長さ 10 m のニクロム線の電気抵抗は，上の計算値を 70 倍し 5.25 Ω と求まります．このように，抵抗率の大きい物質ほど電気抵抗は大きいと考えられます．銅線がコードに，ニクロム線が電熱器に使われるのは，このような抵抗率の違いを巧みに利用した人類の知恵といえましょう．

9.3 抵抗率の温度依存性

物性物理学

物質の性質を研究する物理学の分野を**物性物理学**とか**物性論**といいます．物質の究極を研究する分野が**素粒子物理学**ですが，両者の物理学は現代の物理学を支える 2 本柱となっています．物質に金属，絶縁体などの区別がなぜ存在するのか，その秘密を解き明かすのは物性物理学の 1 つの課題でした．この問題は，量子力学の原理に基づき 1930 年代になってその解答がわかりました．上で抵抗率は温度によると書きましたが，抵抗率の温度依存性を調べることも物性物理学の重要なテーマです．

物性物理学は基本的に物質の三態すなわち気体，液体，固体を対

象としていますが，とくに固体を扱う分野を，読んで字の如く**固体物理学**といいます．固体の金属を考察するとき，出発点として金属イオンは整然とした結晶を構成し，その中で電子が運動するという体系を考えます．このような完全結晶では電気抵抗は0であることがわかっています．逆にいいますと，有限な電気抵抗が生じるのは結晶が何らかの意味で不完全なためです．この種の不完全性の原因は2つあります．1つは考えている体系に不純物が混入すると，この不純物は結晶の完全性を乱し電気抵抗の原因となります．不純物による抵抗率は温度と無関係であることが知られています．

　電気抵抗のもう1つの原因は，結晶を構成する格子点はじっと静止しているのではなく，平衡点の回りで絶えず振動していることです．この振動を**格子振動**といいます．振動が激しくなると，電子が運動するとき強い抵抗力を受け，そのため抵抗率は大きくなります．温度が上がれば格子振動も激しくなり，抵抗率も大きくなると予想されます．詳しい理論的な研究によると，絶対温度を T と書いたとき，常温近傍で抵抗率は T に比例し，また絶対零度近くの極低温で T^5 に比例することがわかります．この温度依存性は実験的にも確かめられています．なお，不純物と格子振動の両方を考えたとき，全体の抵抗率はそれぞれの原因による抵抗率の和として表されます．

超伝導

　ある種の物質(例えば水銀，鉛など)では，液体ヘリウム温度すなわち数Kという極低温で抵抗率が0になってしまいます．この現象を**超電気伝導**あるいは簡単に**超伝導**といいます．一方，通常の電気伝導を**常伝導**と呼んでいます．ヘリウムの液化に成功したオランダの物理学者カマリング・オネスは，極低温における物質の性質を

研究しているうちに，1911 年，水銀の電気抵抗率が 4.2 K 以下で完全に 0 になってしまうことに気づき，超伝導を発見しました．超伝導がなぜ起こるかは，その発見以来長い間，固体物理学におけるだけでなく広く一般に物理学の謎で，多くの物理学者を悩まし続けました．量子力学の創始者として有名なドイツの物理学者ハイゼンベルクも戦後すぐに超伝導の理論を発表しましたが，現在の立場では彼の理論は間違いでした．

　私が大学を卒業したのは 1953 年ですが，それより 3 年前の 1950 年にイギリスの物理学者フレーリッヒは，超伝導に関する 1 つの論文を発表しました．これは超伝導の原因は格子振動であるという画期的な仕事で，大学の卒業研究でこの論文を丹念に読んだ記憶があります．その後，この論文は不完全であるという結論になりましたが，1 つの成果として，格子振動の媒介によって電子間に引力が働くという事実がわかってきました．電子間にはもちろんクーロンの斥力が働きますが，上記の引力がクーロン力に打ち勝つと電子間には実質的に引力が作用するという結果になります．

　1957 年，アメリカの 3 人の物理学者バーディン，クーパー，シュリーファーは，電子間に引力が働くという前提の下で超伝導の理論を発表しました．彼らの名前の頭文字をとり，この理論は **BCS 理論** と略称されています．この理論は実に見事なもので，各種の実験データに対し，実験とぴったりといってよい位の計算結果が導かれました．このような功績に対し 1972 年，ノーベル物理学賞がこの 3 人に贈られています．後年になってシュリーファーは BCS 理論の回顧談をしていますが，それによりますと，計算の途中で実験と合わない結果が得られたとのことです．しかし，子細に検討するとこの不一致の原因は計算ミスのためで，正しい計算を行うと，実験にぴ

150

ったりになったとのことでした．このような経験はそれこそ物理学者冥利に尽きるというものです．実験データとぴったり合う結果を計算で求めることは，物理の究極の楽しみ方というべきでしょう．

9.4　電力とジュール熱

電池のする仕事

オレンジ製の電池につながった発光ダイオードが光っているとき，電池の化学エネルギーが光のエネルギーに変換されます．それでは電池のする仕事はどのように書けるでしょうか．この問題を扱うため，図9.5のように電池内の状況を模式的に考えてみます．ただし，簡単のため陰極を電位の標準に選び，その電位を0，陽極の電位をVとします．また，陽極と陰極とは互いに平行であるとし，その間隔をΔxとします．

電池から外部に電流が流れているとき，正電荷Qは導線を伝わって図の矢印のように陽極Aから陰極Bまで流れます．一方，電池の内部ではこの電荷を陰極から陽極に運ぶ必要があります．電場

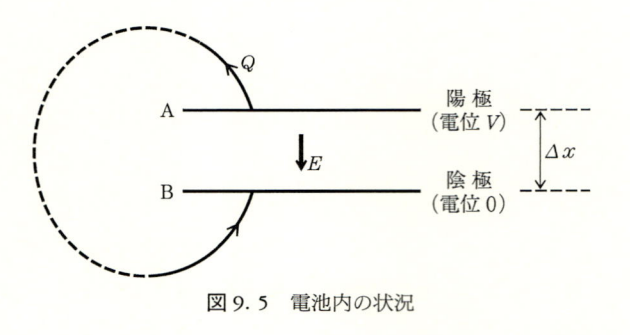

図9.5　電池内の状況

E は陽極から陰極へと向かうので，電荷 Q に働く力は下向きとなります．電池は電場による力に逆らい，電荷を B から A へと移動させねばなりません．したがって，準静的過程を考えますと，(8.9) 式の関係 $E\varDelta x = V_A - V_B = V$ の両辺に Q を掛け算し，電池のする仕事は VQ と表されます．

仕事率と電力

あるもの(例えば人やモーター)が仕事をしているとき，単位時間当たりにする仕事を**仕事率**といいます．仕事率が大きいほど，能率よく仕事をするわけです．1 秒間に 1 J の仕事をする場合を仕事率の単位とし，これを 1 **ワット**(W)といいます．すなわち

$$1\,\mathrm{W} = 1\,\mathrm{J/s} \qquad (9.5)$$

となります．いうまでもなく，ワットはイギリスの発明家ワットにちなんで命名されたものです．単位時間当たりに電源のする仕事，あるいは電源の供給するエネルギーを**電力**といいます．電力は電気に対する仕事率を表します．力という言葉がついていますが，電力は力ではない点にご注意ください．

上述の電池がする仕事で，電荷 Q が移動した時間を t とします．単位時間当たりに流れる電気量が電流ですから，電流 I は $I = Q/t$ と表されます．したがって，電池のする仕事は単位時間当たり VI と書けます．すなわち，電池の電力 P は

$$P = VI \qquad (9.6)$$

となります．例えば，前に述べた豆電球では $V = 2.5\,\mathrm{V}$，$I = 0.5\,\mathrm{A}$ ですから，この電球を点灯させるには $2.5 \times 0.5\,\mathrm{W} = 1.25\,\mathrm{W}$ の電力が必要になります．簡単のため，電池には内部抵抗はないとしオームの法則 $V = RI$ を(9.6)式に代入しますと P は

$$P = RI^2 \tag{9.7}$$

と表されます.

電気使用量

　皆さんの家庭には，それぞれ地域の電力会社から電気が供給され，1月ごとに電気使用に関する請求書が来ると思います．その場合，電気の使用量は**キロワット時**(kWh)という単位で表されています．これはエネルギーの単位で，1 kW＝10^3 W，1 h＝3600 s ですから，1 kWh＝3.6×10^6 J という関係が成り立ちます．ジュール単位だとかえってわかりにくいのですが，1 kWh とは 1 kW の電熱器を 1 時間働かせるのに必要なエネルギーと理解すればよろしいでしょう．

　日本の電気使用量というのをキーワードにして例えば infoseek で検索すると，東京電力のホームページ[2] が見つかります．そこでは一般家庭の電気使用量を 1 カ月当たり約 280 kWh としています．これを 1 日に直すと 9 kWh となりますから，1 kW の電熱器を連続9 時間使用することになります．この電力を生み出すのに必要な燃料は 1 年間当たり石油約 820 リットル(ドラム缶 4 本分)，原子燃料約 16 g とのことです．私の小学校時代には電力は水力発電で十分まかなえたと思いますが，このようにエネルギーを使うのでは，とても水力だけでは無理でしょうね．いずれにせよ，なるべく電気は倹約し，環境への影響を少なくしたいものです．

ジュール熱

　オレンジ製の電池に発光ダイオードをつないだとき，荷電粒子の力学的エネルギーは光のエネルギーへと変換します．しかし，発光体でない抵抗を電池につないだ場合には，荷電粒子の力学的エネル

ギーは全部熱のエネルギーに変わると考えられます．一般に，電流が流れるとそれに伴い熱が発生しますが，これを**電流の熱作用**，また発生する熱を**ジュール熱**といいます．電熱器，電気ポット，電気炊飯器などは水を沸かしたり，米を炊いたり，食物を煮炊きするのに使われますが，これらはジュール熱を利用した電気器具です．

電気抵抗 R の物体に，電圧 V がかかって電流 I が流れるとき，時間 t の間に電源は VIt の仕事を行います．これだけの仕事が熱に変わると考えられますので，ジュール熱 Q は

$$Q = VIt \qquad (9.8)$$

と表されます．あるいは，オームの法則 $V=RI$ を代入すると Q は

$$Q = RI^2t \qquad (9.9)$$

と書けます．国際単位系での数値を(9.8)，(9.9)式に代入すると，ジュール熱は J で計算されます．第 6 章の(6.3)式で述べましたように，熱の仕事当量を用いますと 1 cal＝4.19 J となり，これから逆に 1 J＝0.24 cal の関係が導かれます．すなわち，J で表される数値を 0.24 倍すれば答えは cal で求まります．ジュール熱を表すのに，J を使うか cal を使うか，どちらでもよいのですが，J は国際的な単位ですので，この単位を使用されることを推奨します．

ジュール熱の具体例

家庭ではニクロム線を使った電熱器がよく利用されますが，電熱器の電力が 500 W であるとしてジュール熱の問題を定量的に考えてみましょう．実際には家庭の電気は交流ですが，第 11 章で示すように直流とみなしてジュール熱などの計算ができます．そこで，結果を先取りしこれまでの式を使って議論を進めましょう．この電熱器を 100 V の電源につなぐと，流れる電流は (500/100) A＝5 A と

なります．したがって，オームの法則により電熱器の電気抵抗は
$(100/5)\ \Omega = 20\ \Omega$ と計算されます．

　上述の電熱器を使って，1 l の水(1000 g)の水の温度を 20°C から
100°C まで上昇させる場合を想定しましょう．1 g の水の温度を 1 K
だけ上げるのに必要な熱量が 1 cal ですから，1 l の水の温度を 80
K だけ高めるには $1000 \times 80\ \mathrm{cal} = 8 \times 10^4\ \mathrm{cal}$ の熱量が必要となりま
す．1 cal = 4.19 J の関係を使い，この熱量を J 単位に換算すると
$4.19 \times 8 \times 10^4\ \mathrm{J} = 33.52 \times 10^4\ \mathrm{J}$ となります．一方，500 W の電熱器は
1 s 当たり 500 J のジュール熱を提供するので，温度上昇に必要な時
間 t は

$$t = \frac{33.52 \times 10^4}{500}\mathrm{s} = 670.4\ \mathrm{s}$$

と計算され，これはほぼ 11 分に等しくなります．現実には，電熱器
の発生する熱がそのまま水に加わるわけではなく，熱の一部分はそ
れ以外に逃げてしまいます．このため，実際に必要な時間は上で求
めた値より長くなります．

10　磁石の超能力

電気と磁気はよく似ていますが，違う点もあります．例えば電流は存在しますが，磁流というものはありません．同様に，磁石はありますが，電石はありません．これらの相違をどう理解すればよいかを念頭にいれながら，磁極，磁場，磁気双極子，磁束密度，電磁誘導などについて述べます．

10.1　身の回りの磁石

磁石との触れ合い

皆さんは子供のころ，なんらかの意味で磁石と遊んだ経験をおもちだと思います．磁石で沢山の釘をつるし上げたり，砂場で砂鉄を採集したり，楽しい一時を過ごした覚えもあるでしょう．それだけでなく，磁石は私たちの生活と密接に結びついています．

例えば電気掃除機はモーターを利用していますが，モーターは電磁石を使う装置です．モーターについては第11章で説明しましょう．モーターを別にすると，始終私たちが目にするのはいわゆるマグネットで，わが家の冷蔵庫には10個くらいのマグネットが張り付いていて書類などを挟んでいます．これらはフェライトから作られるのでフェライト磁石とも呼ばれます．おおげさにいえば物性物理学の進歩により，小型で強力な磁石が開発された，ということでしょうか．皆さんのご家庭でもフェライト磁石は便利に使われていると思います．

磁　針

磁鉄鉱 Fe_3O_4 をつるせば南北をさすことは，古くから知られていました．古代中国ではすでにこの性質を利用し，指南車が実用化されていました．指南車とは上に仙人の木像をのせ，その手指が常に南を指すようにした車のことです．羅針盤が，15世紀から17世紀にかけての大航海時代を支えた強力な機器であったことはいうまでもありません．磁針が南北をさすことは周知の通りですが，これは地球自体が一種の磁石になっているためです．地磁気については後でもう少し詳しく紹介します．

磁針は，方向を知るだけでなく物理の定性的な実験に有効に利用できます．今後，磁場を感知するという目的で磁針を利用する機会があります．

磁石の超能力

強力な磁石を磁針の近くにおくと，数メートルの距離でも磁針が反応し針の振れるのが観測できます．よく考えるとこの現象は不思議だとは思いませんか．例えば，机の上に1本の鉛筆が置いてあるとき，この鉛筆を動かすには手を触れるか，息を吹きかけるかで直接鉛筆に力を加えることが必要です．鉛筆の上に手をかざしただけで鉛筆が動いたとすれば，これはまさに超能力です．

旧ソ連では超能力の研究が行われ，そのデモンストレーションの映像で，ある女性がいまのようにして鉛筆を動かしている様子を見た経験があります．こんな現象はありえないと当時から私は疑っていました．これに対し，磁針に磁石を近づけると，直接力は働かないのに磁針は動くわけで，これは一種の超能力といえましょう．

10.2 磁 場

磁 極

棒磁石に鉄粉をふりかけると，鉄粉をよく吸い付ける部分が2か所あることがわかります．これを**磁極**といい，北を指す方の磁極をN極，南を指す方をS極といいます．

上述のように磁針が南北を指すのは，地球自体が1つの大きな磁石になっているためで，磁針のN極が地球のS極(北極付近)を向き，逆に磁針のS極が地球のN極(南極付近)を向きます．地球を磁石としたときの南北と地理上の南北は反対になっているので注意が必要です．

磁荷とクーロンの法則

磁極には磁気が存在しN極には正磁荷，S極には負磁荷があるとし，これらを点とみなすと，電気と同じクーロンの法則の成り立つことが実験的に確かめられます．以下，電気に相当する磁気の量に添字のm(magneticの意味)を付けて表します．真空中で磁荷(磁気量)Q_mと磁荷Q_m'との間に働く磁気力Fは，両磁極間の距離をrとしたとき

$$F = \frac{1}{4\pi\mu_0} \frac{Q_m Q_m'}{r^2} \tag{10.1}$$

と表されます．力は両者の磁荷を結ぶ線上にあり，磁荷が同符号のときには斥力，磁荷が異符号のときには引力となります．力FをN，距離rをmで表したとき，定数μ_0の値が

$$\mu_0 = 4\pi \times 10^{-7}\,\mathrm{N/A^2} \tag{10.2}$$

となるように定めた磁気量の単位を**ウェーバ**(Wb)といいます．これは，電磁気学の発展に大きな功績のあったドイツの物理学者ウェーバーにちなんで命名されました．また，電気の場合の ε_0 に対応する μ_0 を**真空の透磁率**といいます．これだけでは，Wb の感じがピンとこないかと思いますので，以下のような例を考えてみましょう．1円硬貨の質量はほぼ1gでこれに働く重力は 9.81×10^{-3} N です．同じ磁気量をもつ磁荷が1cm離れているとき，両者間の磁気力が上の重力に等しくなるような磁荷を求めます．(10.1)式で $Q_m = Q_m'$, $r = 0.01$, $F = 9.81 \times 10^{-3}$ とおきますと

$$Q_m{}^2 = 4\pi\mu_0 \times 9.81 \times 10^{-7} = 9.81 \times (4\pi)^2 \times 10^{-14}$$

となり，これから $Q_m = 3.94 \times 10^{-6}$ Wb と計算されます．常識的な力に対し，磁荷は大変小さな量であることがおわかりかと思います．

　ウェーバはもう少しわかりやすい量として表されます．この点を調べるため，(10.1)式の両辺の次元を考え $[Q_m]^2 = [F][\mu_0][L]^2$ であることに注意します．(10.2)式から $[\mu_0] = [\text{N}]/[\text{A}]^2$ と書け，力，長さの単位が，それぞれ N, m である点に注意すると $[Q_m]^2 = [\text{N}]^2[\text{m}]^2/[\text{A}]^2$ が得られます．N·m＝J の関係を利用すると $[Q_m] = [\text{J}]/[\text{A}]$ となります．すなわち，磁荷の単位に対し

$$1 \text{ Wb} = 1 \text{ J/A} \tag{10.3}$$

という関係が成り立ちます．

磁　場

　電気の場合と同様，ある点におかれた磁気量 δQ_m の試磁荷の受ける力 $\boldsymbol{F}$ を

$$\boldsymbol{F} = H\delta Q_m \tag{10.4}$$

と表したとき，この H をその点における**磁場の強さ**または単に**磁場**

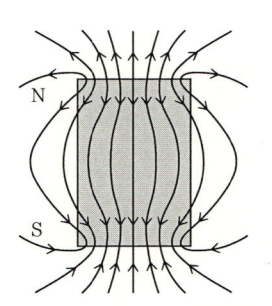

図 10.1 永久磁石の磁力線·

といいます．磁場の大きさの単位は，(10.3)式を用いまた $J=N\cdot m$ の関係に注意すると

$$N/Wb = N\cdot A/J = A/m \qquad (10.5)$$

と書けます．電気力線と同様，磁場の様子は**磁力線**によって記述されます．1個あるいは2個の点磁荷が作る磁力線は，電気力線と同様，図8.4のように表されます．また，永久磁石の磁力線を図10.1に示しました．N極は磁力線の湧き出し口，S極はその吸い込み口となっています．

ここで後の話と関係がありますので，$\mu_0 H$ の次元を考察しておきます．(10.2), (10.3), (10.5)式から

$$[\mu_0 H] = [N/A^2][A/m] = [N/(A\cdot m)] = [N\cdot m/(A\cdot m^2)]$$
$$= [J/(A\cdot m^2)] = [Wb/m^2] \qquad (10.6)$$

の関係が成り立つことがわかります．

地磁気

磁場の1つの典型的な例は地球が作る磁場すなわち**地磁気**です．この磁場は必ずしも水平面内に存在するわけではありませんが，磁場の水平方向の成分を**水平分力**，また磁場が水平面となす角を**伏角**

といいます．日本列島では北から南にいくに従い水平分力は大きくなり，20～26 A/m の範囲で変動します．例えば千葉県の館山での水平分力は 24.3 A/m です．理科年表には，nT(ナノテスラ，10^{-9} テスラ)の単位で日本各地の水平分力が表記されています．これは磁束密度の単位ですが，その点については 10.3 節で再び論じます．

地磁気の伏角は，場所によりまた時代により変化します．この性質は難事件の思いもかけぬ解決に役立ちます．永仁は鎌倉時代の年号(1293～1299 年)ですが，この時代に作られたと称する壺が事件を引き起こしました．1960 年のことで世に永仁の壺事件と呼ばれます．結局，話題の壺は偽物であることがわかったのですが，その決め手となったのは物理的な測定でした．壺を焼くとき，壺の材料中の磁性体は地磁気の向きに磁気モーメントをもつようになります．このモーメントについてはすぐ後で触れますが，モーメントの知見から伏角がわかります．その測定により，壺を焼いたのが鎌倉時代ではなく，現代であったことが判明したわけです．このように，地磁気の性質は時代考証に使うこともできます．

磁気双極子

これまで，単独の磁荷が存在すると仮定して磁気の問題を考えてきました．しかし，磁石をいくら切ってもそのたびに N 極と S 極とが現れ，この事情は誘電体の分極電荷とよく似ています．電気と磁気との基本的な違いは，電気の場合には真電荷が存在しますが，磁気では真磁荷に相当するものが存在しないという点です．磁気の場合，正磁荷と負磁荷とがいつもペアになっているので，これらが運動するとき磁流に相当するものは存在しません．磁気の問題を扱うには電気双極子に対応する体系を考えるのが現実的です．わずか

10 磁石の超能力　　161

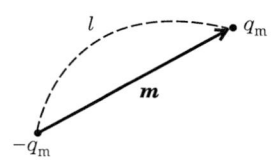

図 10.2　磁気モーメント

に離れた正負 2 つの点状の磁荷 $\pm q_m$ を考え，このような一組を**磁気双極子**といいます．磁荷間の距離を l とし

$$m = q_m l \tag{10.7}$$

で定義される m を **磁気モーメントの大きさ**といいます．また，$-q_m$ から q_m へ向かい，m の大きさをもつベクトル $\boldsymbol{m}$ を導入し，これを**磁気モーメント**といいます（図 10.2）．

磁気双極子の微視的な意味

　物質は微視的な立場から見ると，原子とか分子から構成されています．このような観点から，磁気双極子を考えてみましょう．分子は原子から構成され，原子は原子核と電子から作られています．一番簡単な原子として，水素原子をとりあげます．この原子は 1 個の陽子と 1 個の電子から構成されますが，陽子も電子も第 5 章で述べたスピン角運動量をもちます．この角運動量の z 成分を S_z としますと，両者とも (5.15a, b)式と同様 $S_z = \pm\hbar/2$ と書けます．この角運動量に伴い，磁気モーメントが生じますが，その z 成分 m_z と S_z との間には

$$m_z = \frac{\mu_0 q}{m} S_z \tag{10.8}$$

という関係の成り立つことが知られています．ただし，m, q はそれ

ぞれ注目する粒子の質量，電荷です．ちなみに，古典的な軌道角運動量 L_z に対しても上とよく似た関係が成り立ち，それは電磁気学の立場で導くことができます．しかし，このような古典論では(10.8)式の右辺は半分になってしまいます．逆にいえば，スピン角運動量の場合には古典論の結果を 2 倍しなければいけません．この 2 倍を正しく理解するには，ディラックの相対論的な量子力学が必要で，かなり高級な話となります．

陽子は電子に比べると質量が 2000 倍程度ですから，陽子の m_z の大きさは電子に比べ 2000 分の 1 程度となり，無視することができます．他の原子核でも似たようなもので，こうして物質の磁性は電子のスピンに由来することがわかります．ありふれた磁石が意外と近代的な物理と結び付いているわけです．電子では $q<0$ ですから，(10.8)式により，m_z と S_z とは逆向きです．このような電子の磁気モーメントを表すのに，**分子磁石**という概念を使うことがあります．磁石を切ったとき，切るたびに N 極と S 極が現れますが，それ以上は切れないという最小単位が分子磁石です．水素原子では，陽子は正電荷，電子は負電荷ですが，これらの電荷はそれぞれ独立に存在できます．このような事情を表すのに真電荷という用語が使われます．これに対し，正磁荷，負磁荷は分離できずそれぞれが独立に存在するわけではありません．このことを真磁荷は存在しないといいます．

10.3　磁性体と磁束密度

磁性体
磁場を作用させたとき，その内部に磁気双極子が生じるような物

質を磁性体といいます．上述のように電子は磁気モーメントをもち磁場に反応しますから，すべての物質は磁性体であるといえます．

体系が分子磁石から構成されるとし，i番目の磁気モーメントをm_iとおきます．これらのm_iを単位体積内で加えた

$$M = \sum_{\text{(単位体積中)}} m_i \tag{10.9}$$

で定義されるMを磁化または磁気分極といいます．磁気モーメントの単位はWb·mですが，Mはこれを単位体積当たりに換算するのでm^3で割り，Mの単位はWb/m^2となります．このため，(10.6)式によりMの次元は$\mu_0 H$のそれと一致することがわかります．

磁性体の種類

大部分の物質では外部から磁場を作用させないと磁化は0で，磁場が十分小さいときMはHに比例し，その比例定数は正となります．このような物質を常磁性体といいます．例えば，アルミニウムは常磁性体です．物質によっては，MはHに比例するのですが，その比例定数は負になるような異端者もあり，これを反磁性体といいます．ビスマスは反磁性体の一例です．一方，外部から磁場をかけなくても，磁化が自然に発生しているような物質を強磁性体といい，その磁化を自発磁化といいます．鉄，コバルト，ニッケルは典型的な強磁性体で，いわばこの三種は強磁性体の御三家というところです．磁石とは，このような磁性体の分類に従うと，強磁性体というわけです．

電気の場合には，強磁性体に対応し強誘電体というものが存在します．自発的に電気分極が生じていますので，磁石とのアナロジーでいえば電石と称してもかまわないと思います．しかし，強誘電体

は強磁性体ほど目に見える超能力を示さないためか，このような言葉は使われていません．

磁束密度

一般に

$$\boldsymbol{B} = \mu_0 \boldsymbol{H} + \boldsymbol{M} \qquad (10.10)$$

というベクトル $\boldsymbol{B}$ を導入し，これを**磁束密度**といいます．真空中では $\boldsymbol{M}=0$ となり $\boldsymbol{B}=\mu_0\boldsymbol{H}$ の関係が成立します．すなわち，磁束密度と磁場とは真空の透磁率 μ_0 の係数だけ違うことがわかります．磁場は磁荷の存在を認めたような物理量で，このため図 10.1 のように磁力線は N 極から出て S 極に入るように振る舞います．これに反し，磁束密度は真磁荷は存在しないという事情を反映した物理量ですが，この点については後で触れます．(10.6)式により $\mu_0 H$ すなわち B の単位は N/A·m と表されます．これを**テスラ**(T)といいます．テスラはアメリカの電気工学者テスラにちなんで命名されたもので，彼は交流機器の開発研究に励みました．今日，家庭の電気が交流を使用しているのはテスラのお陰であるといっても過言ではありません．(10.6)式に注意すると T は

$$T = \frac{N}{A \cdot m} = \frac{J}{A \cdot m^2} = \frac{Wb}{m^2} \qquad (10.11)$$

と表されます．実用上，テスラの単位は大き過ぎるので，その 1 万分の 1 の**ガウス**(G)という単位がよく使われます．すなわち

$$1\,G = 10^{-4}\,T \qquad (10.12)$$

の関係が成り立ちます．ガウスはドイツの数学者，物理学者で幼少のころから神童の誉れ高く，数学や物理の分野で彼の名前がついた定理や法則があります．

磁束密度の1例として，先ほど考えた地磁気を取り上げましょう．理科年表によると，館山における水平分力は30499 nT であることがわかります．ただし，n は 10^{-9} を表す接頭語です．真空中では $H=B/\mu_0$ と書けますので，1テスラを磁場で表すと，いまの式で $B=1$ とおき，また(10.2)式を代入して $1\,\mathrm{T}=(10^7/4\pi)\,\mathrm{A/m}$ が得られます．したがって，館山での水平分力は

$$30499\times10^{-9}\times(10^7/4\pi)\,\mathrm{A/m}=24.3\,\mathrm{A/m}$$

と計算されます．なお，ガウスで表すと館山での水平分力はほぼ0.3 G となります．地磁気の大きさはこの程度であると思ってよいでしょう．

磁束線

磁力線に相当し，磁束密度の様子を記述する線を**磁束線**といいます．磁力線と違い磁束線の場合には，湧き出し口も吸い込み口も存在しません．この性質は磁気の場合には真磁荷が存在しないことを反映していて，磁束密度はそのような性質を記述する物理量であるためです．

もう少し具体的にいいますと，図10.3は永久磁石の磁束線を表しますが，磁石の外部で $M=0$ の場所では $B=\mu_0 H$ となり，B は基本的には図10.1と同じように振る舞います．これに対し，磁石の内部では自発磁化 M が図のように上向きに生じますが，H は図10.1のように下向きとなります．M と $\mu_0 H$ との和が B ですが，このような加え算の結果，磁石の表面で B は連続的につながるようになります．

こうして，磁束線はいつも閉じた曲線として表され，矢印の向きは曲線に沿い連続的に変わっていきます．なお，詳しい議論に興味

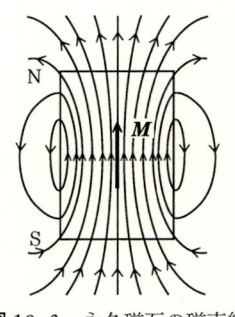

図 10.3　永久磁石の磁束線

のある方は参考文献[1][2] をご覧になってください.

10.4　電流と磁場

簡単な実験

　電流と磁場との間には密接な関係があります．電流はその周辺に磁場を生じますし，また磁場中にある電流は力を受けます．いま述べた 2 番目の性質はモーターの原理になっていますが，それについては第 11 章で紹介することにし，ここでは電流が作る磁場について簡単な実験をしてみましょう．準備するものは磁針，数十 cm の銅線，電池です．図 10.4 のように磁針の容器の直径に沿って 2, 3 回銅線を巻き，電池をつないで電流を流します．電流が流れた瞬間に磁針の針が振れ，磁場の発生したことがわかります．とても簡単ですが，説得力のある実験ですのでぜひトライしてください．

直線電流の作る磁場

　無限に長い直線の導体に電流 I が流れているとし，直線から距離 r だけ離れた点 P における磁場を考えてみます．詳しい計算に興味

10 磁石の超能力 167

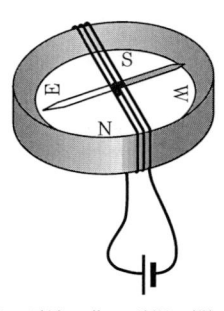

図 10.4 電流の作る磁場に関する実験

のある方は参考文献[1][2] を見ていただくこととし，ここでは結果だけを述べます．

図 10.5 のように，点 P を通り直線電流と垂直な平面内で，平面と直線との交点を原点とする半径 r の円を考えます．H はこの円の接線方向に生じ，電流の向きに右ネジが進むようにしたとき，ネジを回す向きに磁場が発生します．磁場の大きさ H は

$$H = \frac{I}{2\pi r} \tag{10.13}$$

と表されます．磁場の単位は電流を長さで割った A/m で，いまの場合，問題となる長さは r だけですから，結果が上式のように書ける点はある程度納得がいくと思います．しかし，$1/(2\pi)$ という数係数は具体的な計算を実行しないと求まりません．例えば，2 A の直線電流から距離 0.02 m 離れている点での磁場の大きさ H は，$H = 2/(2\pi \times 0.02)$ A/m＝15.9 A/m と計算されます．

コイルの作る磁場

一般に導線をぐるぐる巻きにしたものを**コイル**といいます．図 10.4 で磁針に巻き付けた導線は，一種のコイルを構成すると考えら

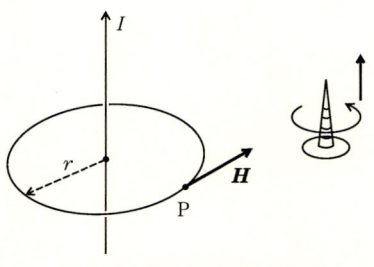

図 10.5　直線電流の作る磁場

れます．あるいは，図 10.6 に示すように，導線を円筒面に沿いらせ
ん状に一様で密に巻いたコイルを，**ソレノイドコイル**あるいは単に
ソレノイドといいます．私が昔鉱石ラジオを作ったころは，くもの
巣状に導線を巻いたスパイダーコイルをよく使っていました．この
ように，コイルには各種のものがありますが，以下，ソレノイドに
電流 I を流したときに作られる磁場について考えましょう．ただ
し，ソレノイドの長さは半径に比べ十分大きいとし，また単位長さ
当たりの巻数を n とします．以下，計算の詳細は参考文献[1][2] に譲
り結果だけを示します．

　図 10.6 のように，ソレノイドに電流 I を流したとき，ソレノイ
ドの外部での磁場は 0 となることがわかっていますが，内部では一
様な磁場が中心軸と平行に生じます．内部での磁場 H の向きは，
電流に沿って右ネジを回すときそのネジの進む向きと一致します．
また，磁場の大きさ H は

$$H = In \qquad (10.14)$$

で与えられます．n は単位長さ当たりの回数ですから，その単位は
1/m と書け，(10.14)式から磁場の単位が A/m であることが確認
されます．また，H はソレノイドの半径とは無関係な点に注意して
おきましょう．n は回数ですから，磁場の単位を**アンペア回数**とかア

10 磁石の超能力　169

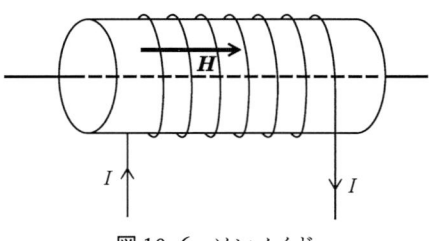

図 10.6　ソレノイド

ンペアターン という場合もあります．例えば直径が 1 mm の導線か
ら作ったソレノイドを考えますと，$n=1000/\text{m}$ ですから，0.5 A の
電流が流れるとき，磁場の大きさは 500 A/m となります．あるい
は，これに対応する磁束密度は $B=\mu_0 H=4\pi\times10^{-7}\times500\ \text{T}=6.28$
$\times10^{-4}\ \text{T}=6.28\ \text{G}$ と計算されます．

10.5　電磁誘導

磁石の運動と電流

　これまで静止している磁石を考えてきましたが，それでも磁石は
近くの磁針を動かすという超能力を示しました．さらに，コイルに
対し磁石が相対的に運動する場合には，コイルに電流が流れるとい
う新たな超能力が発揮されます．すなわち，磁石をコイルに近づけ
たり遠ざけたりすると，コイル中に電流が誘起されるわけで，1831
年にイギリスの物理学者であり，かつ化学者でもあるファラデーが
発見したこの現象を**電磁誘導**といいます．

　電磁誘導は発電機の原理となっている実用上きわめて重要な現象
です．簡単な実験でこの現象を確認することは困難ですが，身の回
りの器具として，自転車のタイヤの回転で発電する装置とか，最近

では携帯電話の電源として使われる手動の発電機には電磁誘導が応用されています．

レンツの法則

電磁誘導によって流れる電流の向きは，その電流の作る磁場が誘導の原因となっている磁場の変化に逆らうように生じます．これをレンツの法則といいます．これだけではピンとこないと思いますので，少々図を使って説明しましょう．

最初に，図10.7(a)のようにコイルに電流が流れているとします．電流は図示した向きをもつとすれば，電流の向きに右ネジを進めるような向きに磁場が発生しますので(図10.5参照)，磁場は図のように下から上へと発生します．電流の向きを逆転すれば，磁場の向きも逆転します．電流の流れていないこのコイルに，例えば磁石のN極を下の方から近づけたとしましょう[図10.7(b)]．その結果，磁極に近い方が磁場は強いので，コイルを貫通する上向きの磁場は増大します．すなわち，誘導の原因となる磁場はいまの場合，増大の状態にあります．レンツの法則によると，この変化に逆らい電流は下向きの磁場を発生するように流れ，図に示した向きをもちます．逆に，N極を遠ざけるときには，(b)と逆の状態になって，電流は(c)に示すような向きに流れます．

以上の現象で，磁石を移動させたときコイル内に電流が流れるのは，電磁誘導によりコイル内に電流を流そうとする作用すなわち起電力が発生するためです．電磁誘導によって生じる起電力を**誘導起電力**といいます．図10.7で磁石を近づけたり遠ざけたりすると，コイルに流れる電流の向きは時計回りになったり反時計回りになったりします．一般に，時間とともに電流の向きが変わるような電流を

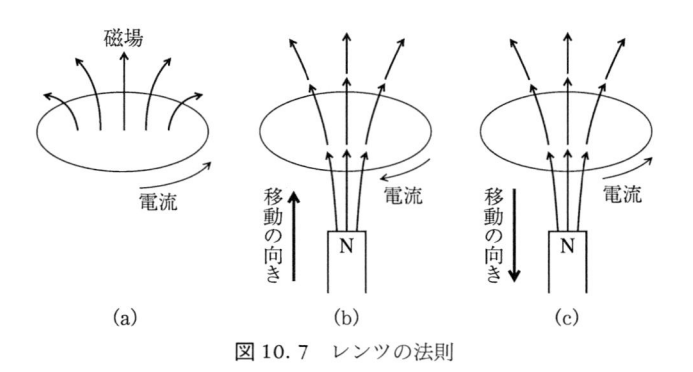

図 10.7　レンツの法則

交流といいます．家庭に送られてくる電気は交流ですが，この点については次章で述べます．

変圧器

一般に，交流の起電力を生じるような電源を **交流電源**といい，これは図 10.8 のような記号で表されます．交流の利点の 1 つは電圧が自由に変えられることで，そのための装置が **変圧器** です．変圧器の原理を図 10.9 に示します．

ロの字型の鉄心の一方に巻数 N_1 の 1 次コイル，他方に巻数 N_2 の 2 次コイルを巻いたとし，1 次コイルに電圧 V_1 の交流電源を接続したとします．1 次コイル中に流れる電流のため磁場が生じ，点線で示した鉄心内の磁場は時間的に変化します．その結果，2 次コイルに誘導起電力 V_2 が発生します．電磁誘導の理論によると[1][2]

$$\frac{V_2}{V_1} = \frac{N_2}{N_1} \tag{10.15}$$

の関係が成立し，電圧の比は巻数の比に等しくなります．このような関係を利用して電圧の値を変えるのが変圧器の原理です．例えば，

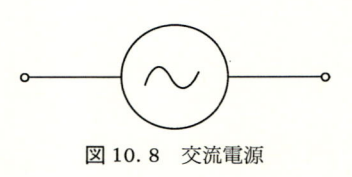

図 10.8 交流電源

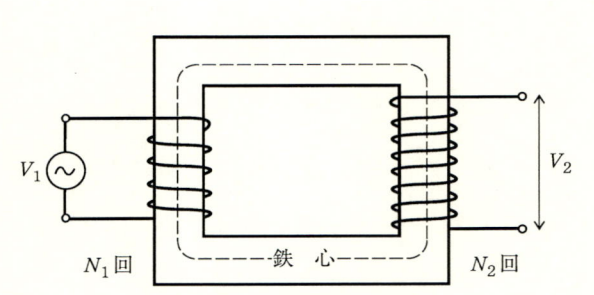

図 10.9 変圧器の原理

100 V の交流電圧を 200 V にしたいとき，1 次コイルの巻数が 200 回なら 2 次コイルの巻数はその倍の 400 回にすればよいわけです．

変圧器の改造

戦時中，中学生だったころ，友人から O ゲージの鉄道模型用のモーターをもらいました．残念ながら，当時それを動かす変圧器を入手することはできませんでした．変圧器を欲しい，欲しいと思っていたところ，ある科学雑誌にラジオのパワートランス (変圧器) を改造し，10 V くらいまでの電圧を発生させる変圧器の製造方法が掲載されていました．当時のラジオには真空管が使われていましたが，現在では真空管は姿を消してしまいました．真空管を見た経験のない方もかなりいらっしゃるでしょう．必要な範囲内で，真空管に関

する説明を少々加えておきます．

　真空管では，陰極のフィラメントを点灯させ電子を発生させます．そのための電源を「A 電源」といい大体 2 V 程度です．真空管中には陽極があり，陽極と陰極との間に電圧をかけ，図 8.6 のように電子を加速させます．このための電源を「B 電源」といい 200 V くらいです．ラジオのパワートランスは，この両方の電源を提供します．戦時中でしたが，何とかパワートランスを入手できました．それは図 10.10 のような構造をもっています．鉄心は実は鉄の塊ではなく，薄い鉄板を何枚も重ねた構造をもちます．これは熱によるエネルギーの損失を減らすためです．鉄板自身は図 10.11 のような形をもち a, b の部分をコイルに挿入し，互い違いに鉄板を重ねていくという具合です．1 次コイルのすぐ上に 2 次コイルが巻いてありますが，この際，B 電源のコイルは不要です．B 電源に流れる電流は小さいのでそのコイルは細い銅線を使っていて，いまの目的にはこの銅線は使えないからです．そこで，鉄板を一枚一枚はがし，コイルだけにし，さらに B 電源を発生するための 2 次コイルを除去しました．A 電源の銅線はそのまま利用できますが，これだけでは 10 V まで電圧が上げられず量が足りません．当時，銅線は貴重品で市販されてはいませんでした．ところが，代用品としてアルミ線が売られていましたので，これを A 電源の銅線に継ぎ足し，1 次コイルの上に巻きなおして 10 V まで出せる，何とか望み通りの変圧器が完成しました．これで回したモーターが大変強力であったことは，いまでもよく記憶しています．

　このように書くと，事はすべて順調に運んだと思われるかもしれません．しかし，実際には工作の最中にとんでもない大失敗をやらかしました．上の手順中で鉄板や 2 次コイルを除き 1 次コイルだけ

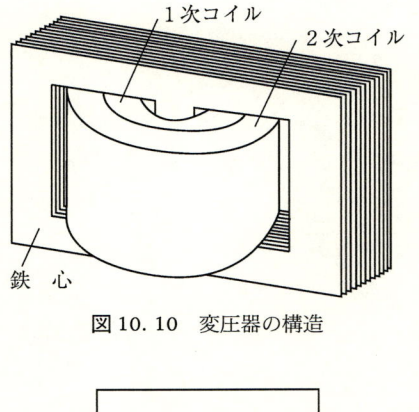

図 10.10　変圧器の構造

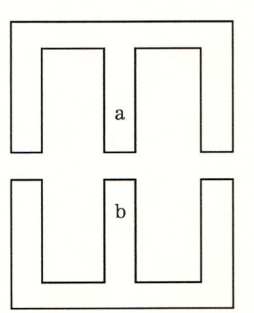

図 10.11　変圧器の鉄板

を残した段階でどれくらい磁場が生じるか実験したくなりました．
そこで近くに磁針をおき，コイルに 100 V の電源をつなぎました．
電源のスイッチを入れた途端，信じられないような現象が 3 つ起こ
りました．第 1 にコイルから煙が立ち上がり，第 2 に 10 cm ほど離
しておいた磁針が空中を猛烈なスピードで飛んでコイルに引き付け
られ，第 3 にヒューズが切れてしまいました．磁針には蓋がなくむ
きだしの構造でしたが，この 3 つがほとんど同時に一瞬のうちに起
こったのです．

10 磁石の超能力 175

その当時なぜこんな事件が起こったかさっぱりわかりませんでしたが，数年後高校の物理で，鉄心があるときとないときでは，コイルに流れる電流の大きさがまるで違うのを学び，謎が解消しました．上のような状況では1次コイルで電源をショートしたようなものですが，怪我の功名といいますか，大電流のため強力な磁石となったコイルの超能力を実感いたしました．実は，1960年代になり，強磁場を発生させるのにいまと同じような方法があるのを知り驚いたことがあります．すなわち，コイルに大電流を流し，コイルそのものは焼き切れてしまうのですが，その寸前に発生する強力な磁場を利用して物性を測定するという趣旨のものです．この方法なども磁石が示す超能力の一種の応用というべきでしょう．

11 家庭の電気

　私達の家庭では，さまざまな電気器具がさまざまな目的のために利用されています．本章では，エネルギーの観点から，電気エネルギーをそれぞれ光エネルギー，熱エネルギー，力学的エネルギーに変換するような代表的な場合について考えます．そうして，その背後に潜む電磁気学の原理とか法則について紹介しましょう．

11.1　三種の神器

三種の神器

　かつて，わが国の高度成長時代において，テレビ，電気冷蔵庫，電気洗濯機は三種の神器として珍重されました．テレビの放映が正式に始まったのはちょうど私が大学を卒業した1953年(昭和28年)ですが，その当時，テレビをもっている裕福な家庭はごくわずかでした．駅前の広場にはテレビの放映される設備があり，力道山のプロレスといった人気番組にはそれこそ黒山のような大群衆が集結しました．

　昭和40年代に入ると，上記三種の神器は次第に各家庭に浸透していきました．これらが，私たちの生活を豊かにしてくれたのはいうまでもありません．現在ではむしろ電気器具は有り余ってしまい，冷蔵庫，エアコン，テレビ，洗濯機といった電気製品のリサイクル料を消費者が負担する家電リサイクル法が施行されるといった具合です．神器がごみになってしまうとはいささか皮肉な話です．

各種の電気器具

　三種の神器に限らず，私たちの家庭ではさまざまな電気器具が活躍しています．エネルギーの立場から電気エネルギーを光エネルギーに変える装置を考えると，懐中電灯，白熱電球，蛍光灯などがあり，熱エネルギーに変換するものとしては，電熱器，電気ポット，電気炊飯器，エアコン，電子レンジなどがあります．力学的エネルギーに変換するにはモーターを利用しますが，電気掃除機，電気洗濯機，電気冷蔵庫，ラジカセ，ビデオデッキなどがその例でしょう．また，電磁波は光と親類のようなものですが，電磁波とか通信関係の器具としては，ラジオ，テレビ，カーナビ，電話，ファックス，携帯電話などがあります．電磁波に関する事項は改めて第12章で取り上げます．もっとも，1種類のエネルギーに限定するのは難しい場合があり，上の例でも電気冷蔵庫やエアコンは熱エネルギーと力学的エネルギーの両者に関連しています．また，ワープロやパソコンを利用される方も多いと思いますが，このような高級な器具は，記憶媒体としてのディスク，それを動かすモーター，半導体素子など多数の部品から構成され，エネルギーという観点だけでは簡単に説明できないといった面もあります．

　これまで述べてきた電気器具はいまや私たちの生活に溶け込んでしまい，生活必需品といってもよいでしょう．テレビゲームのように娯楽に使われるものもありますが，すべてこれら電気製品の背後には物理の法則や原理が控えています．電気製品を利用するたびに物理実験をやるようなものですが，それを通じ物理がより深く理解できるものと期待されます．

11　家庭の電気　179

11.2　交流の電力

発電所から各家庭へ

　私たちの家庭には発電所から電気が送られてきます．第9章で触れましたが，発電所は水力，火力，原子力などのエネルギーを利用しています．家庭に送られてくる電気は交流ですが，交流の利点は前章で説明したように変圧器を使い電圧を自由に変えられることです．すなわち，発電所で作られた電気がそのまま家庭に送られてくるのではなく，途中で何度か電圧を上げたり，下げたりしています．最終的には100 Vあるいは200 Vの電圧として家庭に入ってきますが，発電所を出るときには27万5000 Vとか50万Vという高電圧です．このような高電圧の電気はいわゆる高圧線という送電線を通じて送られてきますが，このように高電圧にするのは電力の損失をなるべく小さくするためです．以下，その点について説明していきます．

　第9章の(9.9)式で述べたように抵抗 R に電流 I が流れているとき，時間 t の間に発生するジュール熱 Q は

$$Q = RI^2t \tag{11.1}$$

と表されます．発電所の電力 P は

$$P = VI \tag{11.2}$$

と書けますが，P は一定であるとし，(11.2)式から導かれる $I = P/V$ を(11.1)式に代入しますと $Q = RP^2t/V^2$ が得られます．これから，エネルギーの損失分は電圧の2乗に逆比例することがわかります．例えば電圧を10倍にすると損失分は1/100倍となり，このような理由で，電圧を高くすればするほどエネルギーの損失分は小さ

180

くなります．(11.1)式と(11.2)式は直流のとき導いた関係ですが，これから示しますように，同じ関係は交流でも成り立ちます．

交流の電圧と電流

交流の場合，電圧や電流は時間 t の関数として正弦的(サイン関数的)に変化します．電圧や電流が t の関数であることを強調するため小文字の記号を使い，電圧 v，電流 i は t の関数として

$$v = V_0 \sin \omega t, \quad i = I_0 \sin \omega t \tag{11.3}$$

のように変化するとします(図 11.1)．ここで，V_0, I_0 は電圧および電流の最大値すなわち **振幅** です．交流が 1 秒の間に振動する回数 ν

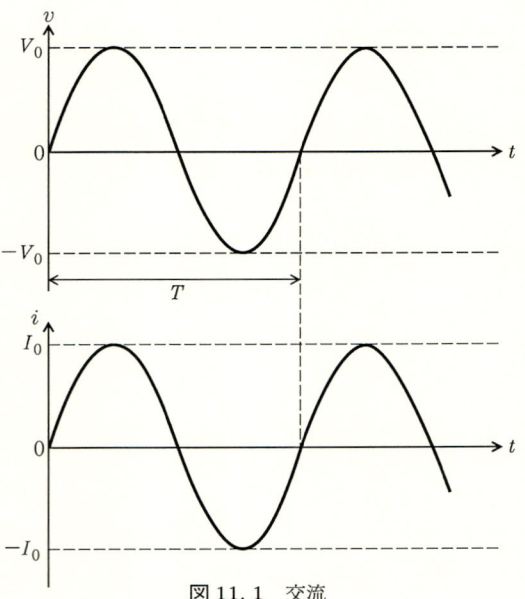

図 11.1 交流

を**周波数**または**振動数**といいます．第5章で述べた回転数と同様，周波数の単位はヘルツです．わが国の電気の周波数は，静岡県の富士川を境に東側の関東が 50 Hz，西側の関西が 60 Hz となっています．これは明治，大正の時代に数多く作られた電気会社が，関東ではヨーロッパ型の発電機を，関西ではアメリカ型の発電機を輸入したためです．いまとなっては全国統一をするには莫大な費用がかかってしまいますので，現状でやむをえないように思われます．

交流の場合，1回の振動に要する時間 T を**周期**といいます（図 11.1）が，(11.3)式からわかるように ωt が 2π だけふえると v も i も元の値に戻ります．これから $\omega T = 2\pi$ の関係が成り立ち，ω は $\omega = 2\pi/T$ と表されます．円運動の角速度に相当する ω のことを，交流の場合には**角周波数**とか**角振動数**といいます．単位時間中に振動する回数が ν ですから

$$\nu = \frac{1}{T} \tag{11.4}$$

が成立します．あるいは角周波数 ω と振動数 ν との間には(5.5)式と同様

$$\omega = 2\pi\nu \tag{11.5}$$

の関係が成り立ちます．関東では $\omega = 314\,\mathrm{s}^{-1}$，関西では $\omega = 377\,\mathrm{s}^{-1}$ と計算されます．

交流の生じるジュール熱

交流の場合のジュール熱を調べるため，図 11.2 のように交流電源に電気抵抗 R を接続した回路を考えます．直流の場合には，(11.1)式のように時間 t の間に発生するジュール熱は $Q = RI^2 t$ と表されます．交流では，電流自身が時間の関数として変わるので，この

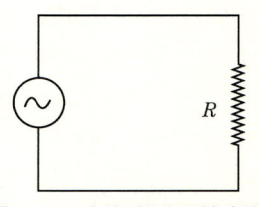

図 11.2　交流電源と電気抵抗

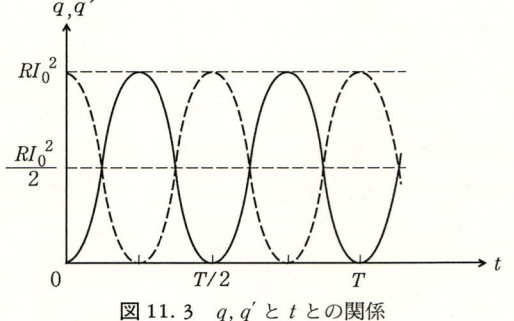

図 11.3　q, q' と t との関係

式をそのまま適用するわけにはいきません．しかし，時刻 t と時刻 $t+\Delta t$ という時間間隔をとり Δt が十分小さいとすれば，その間では電流はほぼ一定で直流であるとみなせます．このため，その間に発生するジュール熱を $q\Delta t$ と書けば，(11.3)式を利用し

$$q\Delta t = Ri^2\Delta t = RI_0^2 \sin^2\omega t \Delta t \qquad (11.6)$$

となります．$q = RI_0^2 \sin^2\omega t$ ですが，q を t の関数として図示すると図 11.3 の実線のように表されます．q は時間の関数として振動するので，単位時間当たりに発生するジュール熱を求めるため1周期に関する平均をとることにします．この平均値を計算するため，q の式で sin を cos で置き換えた $q' = RI_0^2 \cos^2\omega t$ を導入します．q' は図 11.3 の点線のように表され，実線を $T/4$ だけずらせば点線と

一致します．このため，q の平均値と q' の平均値は同じです．一方，$\sin^2\omega t + \cos^2\omega t = 1$ が成立しますから $q + q' = RI_0^2$ と書けます．q と q' の平均値が等しい点に注意すると結局 q の平均値は $RI_0^2/2$ であることがわかります．こうして，単位時間当たりに発生するジュール熱は $RI_0^2/2$ となりますが，これは直流に対する式で $t=1$ とし，また

$$I = \frac{I_0}{\sqrt{2}} \tag{11.7}$$

とした結果と一致します．

このように定義された I を **電流実効値** といいます．(11.1)式の議論では直流の式をそのまま交流に適用しましたが，厳密には I は (11.7)式で定義された電流実効値であると考えてください．

交流の電力

交流の電力 P を考える際，図 11.2 のような回路では，単位時間当たりのジュール熱が電力に等しいことに注意します．このため，いまの場合の電力は

$$P = \frac{RI_0^2}{2} = RI^2 \tag{11.8}$$

と表されます．一方，前述の $t \sim t + \varDelta t$ という時間間隔では交流を直流のように考えてよいので，オームの法則 $v = Ri$，したがって $V_0 = RI_0$ が成り立ちます．このため，$P = V_0 I_0/2$ となり，電流と同様

$$V = \frac{V_0}{\sqrt{2}} \tag{11.9}$$

で定義される **電圧実効値** V を導入すると

$$P = VI \tag{11.10}$$

という直流と同じ関係が成立します．通常，交流の電圧はこの実効

値で表します。家庭の電気では 100 V または 200 V の交流が利用されていますが，100 V の場合，電圧は $100\sqrt{2}$ V＝141 V から −141 V までの間で時々刻々と変化しています。

オームの法則から，実効値に対して $V=RI$ が成り立ちます。したがって，結果をまとめますと図 11.2 のような回路の場合，電力 P は

$$P = VI = RI^2 = \frac{V^2}{R} \tag{11.11}$$

と表されます。

送電線のエネルギー損失

(11.11)式で P がジュール熱だと考え，この式をそのまま送電線のエネルギー損失に適用すると，おかしなことになります。上式の一番右の関係から P は V^2 に比例するので，エネルギー損失を小さくするには V を小さくすればよいという結論となり，前の結果と矛盾します。このような矛盾の原因は，実際の送電線の状況は図 11.2 では記述されないためです。図 11.4 に送電線の模式図を示しましたが，ここで V は発電所の電圧，R は送電線の電気抵抗，また灰色の部分は各家庭に存在しているすべての電気機器を象徴的に表すとし，その電気抵抗を R' とします。送電線の電気抵抗は R ですから，送電線に生じる単位時間当たりのジュール熱は RI^2 で与えられます。R の両端に発生する電圧は RI となりますが，これは発電所の電圧とは違います。送電線，灰色部分全体の電気抵抗は $R+R'$ となり，これに流れる電流が I ですから $V=(R+R')I$ と書けるわけです。一方，発電所の電力を P とすれば $P=VI$ の関係が成り立ちます。これから $I=P/V$ となり，送電線に発生する単位時間当た

11 家庭の電気　185

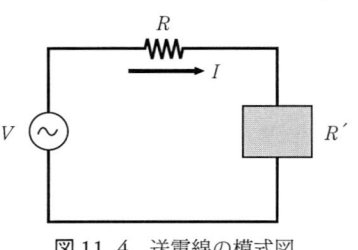

図11.4　送電線の模式図

りのジュール熱は $RI^2 = RP^2/V^2$ と求まって，前と同じ結論が得られました．

　次節で話題になるエジソンはどなたもがご存じの発明王です．エジソンは発電に関してかたくなに直流を主張しその線に沿って事業を始めました．しかし，電圧が自由には変えられないためエネルギー損失が多過ぎて事業は失敗に終わりました．エジソンが直流派とすれば，前章で名前が出てきたテスラは交流派です．テスラは交流発展のため多大の貢献をしたのですが，晩年は経済的に行き詰まり，唯一の友だった飼い鳩のかたわらでニューヨークのホテルにおいて寂しくこの世を去ったとのことです．日ごろお世話になっている交流の裏にこんな悲劇があるとは，物理は楽しむだけのものではありませんね．

11.3　白熱電球，蛍光灯，電熱器

白熱電球の恩恵

　家庭での伝統的な電気の応用は照明です．前述の三種の神器は私の子供のころはありませんでしたし，扇風機も贅沢品とみなされていましたが，白熱電球やネオンランプは各家庭で使われていました．エジソンが白熱電球を発明したのは1879年(明治12年)ですが，こ

の発明は人類に多大な恩恵をもたらしました．古くは夜の照明はロウソクやアンドンでしたが，わが国では明治初年になりガス灯が普及し始めました．古い映画ファンはご記憶と思いますが，イングリッド・バーグマン，シャルル・ボアイエ主演の『ガス灯』という名画がありました．白熱電球はガス灯に比べると扱いははるかに簡単ですが，その発明には並々ならぬ努力が払われました．99% の汗と 1% の運というエジソンの言葉はあまりにも有名です．

　物理の立場から考えたとき，白熱電球の原理は簡単で，高温の物質からは**熱放射**という性質によって光（より一般的には電磁波）が放出されることを利用しています．通常，白熱電球のフィラメントとしてタングステン線を使い，真空中で電流によりタングステン線を 2400 K 程度の高温に保ちます．タングステンを使うのは，その融点が 3660 K と大変高く高温になっても融解しないためです．エジソンは身の回りのものを片っ端から調べ，結局，日本産の竹をむし焼きにした材料が一番よいとの結論に達しました．日本人としてはなにか嬉しい気がしないでもありません．

蛍光灯の原理

　ロウソク，アンドン，白熱電球などの照明はいずれも熱い光という印象をもちます．一方，自然界には冷たい光ともいうべきものが存在します．その代表的な例は蛍が発する光です．「蛍の光　窓の雪　ふみよむ月日　かさねつつ……」という歌は，皆さんも卒業式やなにかで歌われた経験をおもちでしょう．この歌は蛍の光や雪明かりで本を読む猛勉強の様子を表していますが，冷たい光が出てくるのは印象的です．これまで皓々と輝いていた電球が突然断線し，新しいのと変えるとき，断線した電球は手で触れないくらい熱くなって

います．これは，白熱電球では電気エネルギーが光のエネルギーと同時に熱エネルギーに変換されることを意味します．これに対し，蛍の光ではジュール熱は発生しませんから，エネルギー的にはるかに効率がよいと考えられます．蛍の光を人工的に作るのは人類の長年の夢でした．

第二次世界大戦後，蛍光灯が実用化され，この夢が実現しました．蛍光灯ではガラス管の内面に蛍光塗料が塗られています．ガラス管に封入した水銀に放電を起こさせますが，このとき発生する紫外線を受け蛍光塗料が蛍光を生じそれが照明に使われるという仕組みです．蛍光灯は，直線的な構造をもつだけではなく，サークラインと呼ばれる円形構造もあります．第3章で紹介した成田さんは，実はサークラインの開発責任者で，ベッドに横たわりながら成田さんから開発の難しさの話を聞かせていただきました．

熱放射の困難

白熱電球の原理は簡単だと上に書きましたが，一見そう見えるというだけの話です．この辺の事情は中嶋貞雄先生の著書『量子の世界』[1] に次のように述べられています．

　こうして古典物理学は「炭火がなぜ赤くみえるかという幼児の質問にも答えらない」苦境に立たされたのでした．

少々事情を説明しましょう．第3章でちょっと説明しましたように，ニュートンの力学とマクスウェルの電磁気学を現在では古典物理学と呼んでいます．ちなみに，マクスウェルはイギリスの物理学者で，電磁場を記述する基本方程式を導き，それから電磁場が波動として伝わることを示しました．その点については次章で説明します．これまで説明してきた電磁気学の話はマクスウェルの電磁気学

と考えてよいでしょう．熱放射を扱うため，以下に紹介する電子レンジの庫内に電磁波が充満している場合を考えます．レンジに小さな窓をあけたとすれば内部の電磁波が外部に漏れてきますが，このような熱放射を**空洞放射**といいます．空洞を絶対温度 T に保ち熱平衡状態にあるとして，古典物理学に基づき全エネルギーを計算すると，結果は ∞ となりおかしなことになります．上記の苦境とはこのような状況を指します．

量子仮説

上の困難を解決するためドイツの物理学者プランクは 1900 年，**量子仮説** を提唱しました．すなわち，物体が振動数 ν の光を吸収したり放出するとき，やりとりされるエネルギーは常に $h\nu$ の整数倍であるという仮説です．ここで h は

$$h = 6.626 \times 10^{-34} \, \text{J·s} \qquad (11.12)$$

で与えられ，**プランク定数** と呼ばれます．

量子仮説は次のような点で革命的でした．すなわち，古典物理学ではエネルギーは連続的な物理量ですが，量子仮説はエネルギーに一種の不連続性を導入したという点です．このプランクの仮説が動機となり 20 世紀に入り，**量子論**とか**量子力学**と称する新しい物理学が発展してきました．

蛍光灯の量子論

蛍光灯も量子論と無縁ではありません．蛍光塗料を構成する原子のエネルギーは，模式的に示した図 11.5 のような構造をもちます．このエネルギーは連続的でなく，あるとびとびの値をもちますが，これを**エネルギー準位**といいます．最低のエネルギー E_0 に対応する

11 家庭の電気 189

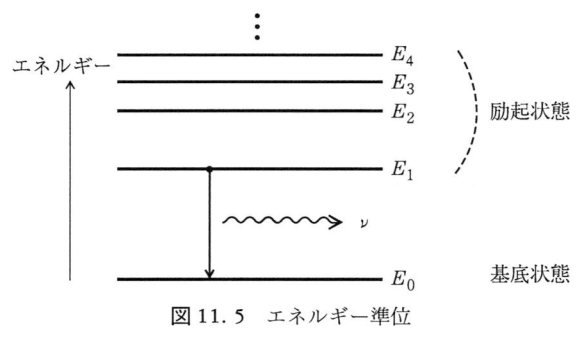

図 11.5 エネルギー準位

状態を **基底状態**，それより上の $E_1, E_2, \cdots$ のエネルギーに対応する状態を **励起状態** といいます．普通，原子は基底状態にありますが，紫外線が当たると基底状態から励起状態へ遷移します．このことをよく原子は基底状態からエネルギーの高い状態へ励起されるといいます．例えば $E_0 \rightarrow E_1$ という遷移が起こったとしましょう．励起された原子が不安定なら，直ちに元の基底状態に戻ります．このとき $E_1 - E_0$ だけのエネルギーが余りますが，このエネルギーに相当し

$$h\nu = E_1 - E_0 \qquad (11.13)$$

で与えられる振動数 ν をもつ光が放出されます．これを **ボーアの振動数条件** といいます．ボーアは，量子論の発展に大きな足跡を残したデンマークの物理学者です．

　上の議論では励起された原子がすぐに基底状態に戻るとしましたが，ゆっくり時間をかけ元に戻る場合もあります．このとき放出される光は **燐光** と呼ばれます．白熱電球や蛍光灯といったありふれた存在が，意外と近代的な物理学と結び付いているのは，興味深いことです．なお，ここでは深入りしませんが，レーザー光も上のような量子論的な議論の延長線上にあります．

ジュール熱の利用

身の回りを見ると，家庭でジュール熱を利用する電気器具が多数あることに気がつきます．電熱器，電気ポット，電気炊飯器，アイロン，電気コタツ，電気毛布，ドライヤー，電気ストーブなどがその例です．これらの器具の中には，電気炊飯器のようにパソコンを内蔵し自動的に温度調整をするような賢いものもあります．おいしいご飯がいつも食べられるようになったこと，このような器具に感謝するべきでしょう．

ジュール熱の利用は基本的に電気エネルギーから熱エネルギーへの変換を基礎としており，その具体的な計算例は第9章でも紹介しました．そのような理由でジュール熱についてはこれ以上深入りしないことにします．

電子レンジ

電子レンジはよく調理に使われますが，この場合の発熱機構はジュール熱とはだいぶ違います．電子レンジのスイッチをオンにすると，次章で詳しく述べますが，マイクロ波とよばれる波長 12 cm 程度の電磁波が庫内を満たします．庫内の物体はこの電磁波からエネルギーをもらい，それが熱となり物体が加熱されるという仕組みです．庫内にネオン管を入れると，ネオン管に直接電気をつながなくともそれは光ります．この理由はネオン管が電磁波からエネルギーをもらうためです．

放送大学で『光と電磁場』という講義を担当しているとき，電磁場の例として，電子レンジの庫内でネオン管を光らせるという演示実験を行いました．講義の前にわが家の電子レンジで予備実験をしようと思い，サークラインを庫内に入れスイッチを入れたところ，

11　家庭の電気　191

バリッという音がしてサークラインが壊れてしまいました．思うに
庫内のエネルギーがサークラインに集中し，このため破壊という現
象が起こったのでしょう．講義の本番の実験では，ディレクターの
方はよく心得ていて，空炊き防止用にコップ一杯の水を庫内に挿入
しました．このようにすると，電磁波のエネルギーはネオン管と水
に分散され，ネオン管が壊れることはありません．電子レンジを使
って実験するときにはいまのような注意を守ってください．

11.4　モーターの原理

モーターの応用

　扇風機，電気掃除機，電気洗濯機，電気冷蔵庫，CD プレーヤー，
エアコン，ビデオデッキなどの電気器具は動力源としてモーターを
使っています．電気器具とモーターとの間には切っても切れない関
係があるといってよいでしょう．
　モーターは電気エネルギーを力学的エネルギーに変換する装置で，
目的に応じ各種のモーターが利用されています．ここではモーター
の原理ともいうべき物理法則について述べます．

電流が磁場から受ける力

　磁場中の導線に電流を流すと，導線は電流と磁場の両方に垂直な
力を受けます．すなわち，図 11.6 のように，磁場が x 方向，電流が
z 方向の向きをもつとしたとき，導線に働く力は y 方向を向きます．
一般的には，電流の流れる方向から磁場の方向へと右ネジを回した
とき，このネジの進む向きが力の向きを与えます．また，図 11.6 の
場合，導線上で長さ $\varDelta s$ の微小部分をとると，この部分に働く力の

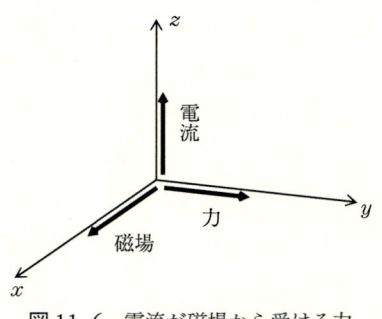

図11.6 電流が磁場から受ける力

大きさ F は，磁束密度を B，電流を I として

$$F = IB\varDelta s \qquad (11.14)$$

で与えられます．モーターはこのような力を利用しています．

(11.14)式はまた磁束密度の単位を決める式であるとも考えられます．すなわち，$\varDelta s = F = I = 1$ とおけば $B = 1$ となりますから，この場合が磁束密度の単位となります．長さ 1 m の導線に 1 A の電流が流れていて，この導線に働く力が 1 N のとき，磁束密度の大きさは 1 テスラというわけです．上記の力の感じを摑むため，(10.14)式の下で議論したソレノイドの生じる磁場中に，長さが 10 cm，断面の円の半径が r の銅線があるとし，これに 2 A の電流を流すとします．ただし，磁束密度 B は水平面内にあるとし，流れる向きまで考え電流を I と書いたとき，I も水平面内にあり B と垂直であるとします(図11.7)．磁場による力 F は鉛直上向きとなり，その大きさ F は(10.14)式の下で求めた $B = 6.28 \times 10^{-4}$ T を用いると $F = 2 \times 6.28 \times 10^{-4} \times 0.1$ N $= 1.256 \times 10^{-4}$ N と計算されます．この力が質量 m に働く重力に等しいと仮定すれば，$mg = F$ とし $m = 1.28 \times 10^{-5}$ kg $= 1.28 \times 10^{-2}$ g と計算されます．この m が銅線の質量に等

11 家庭の電気 193

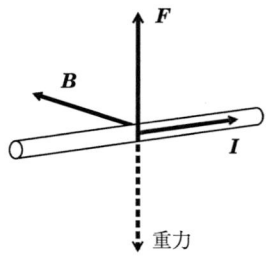

図11.7 銅線に働く力

しいと，磁場による力と重力が釣合い，銅線は空中に浮かぶこととなります．そのための銅線の半径 r は，銅の密度が 8.93 g/cm^3 で与えられますので $1.28 \times 10^{-2} = 8.93 \times 10 \times \pi r^2$ の関係から $r = 6.75 \times 10^{-3} \text{ cm}$ と求まります．

直流モーター

　直流で動くモーターを**直流モーター**といいます．このモーターの原理を図11.8に示します．すなわち，コイルが磁石の間にあり，このコイルが整流子とブラシを通じて外部の直流電源に接続されています．コイルに電流が流れると，コイルは磁場から図のような力 F を受けて回転を始めます．コイルが $180°$ 回転すると，全体の状態は図11.8とまったく同じとなり，コイルは同じ方向の回転を続けます．これが直流モーターの原理です．

　図11.8に示した回転するコイルを**電機子**といいます．また，この図の構造の電機子は二極電機子と呼ばれます．実際には回転をスムーズにするため，例えば三極電機子が使われます．この種のモーターは電池やバッテリーで動くので，玩具，ビデオカメラ，ワープロなどの動力源として利用されています．

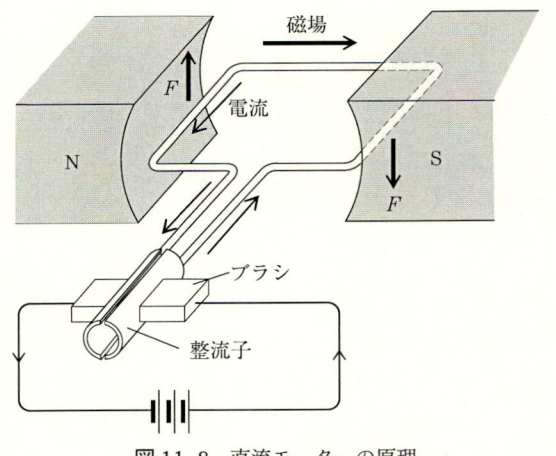

図 11.8　直流モーターの原理

交流モーター

　図 11.8 の電源が交流電源だと，力 F は電流の向きの変化に伴い，上を向いたり下を向いたりして，全体の装置はモーターとしての機能をもちません．交流の場合にモーターを実現させるには電流の向きの変化に伴い，磁石の N, S を逆転させる必要があります．このため，交流モーターでは永久磁石でなく**電磁石**を使用します．図 11.9 のように，軟鉄心にコイルを巻きコイルに電流を流すと，鉄心は磁石になります．この場合，図 10.6 と同様，電流の向きに右ネジを回したときネジの進む向きに磁場が発生します．したがって，図 11.9 の場合，鉄心の左端が N 極，右端が S 極となります．電流の向きを逆にすると，S, N が逆転し左端が S 極，右端が N 極となります．

　以上の点を頭の中に入れておき，図 11.10 の装置を考えてみましょう．この場合，図 11.8 の磁石の代わりに電磁石を用い，また電磁石のコイルの一端を一方のブラシとつないであります．図のように

11 家庭の電気 195

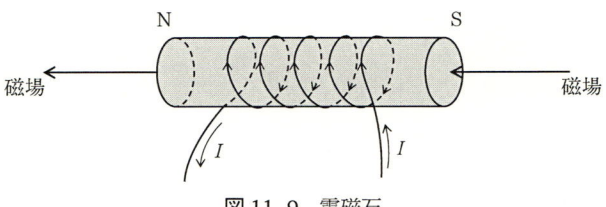

N   S

磁場 ←   → 磁場

I I

図 11. 9 電磁石

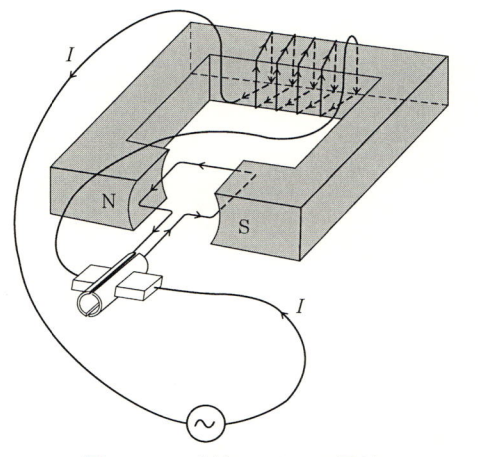

図 11. 10 交流モーターの原理

交流電源によって電流 I が流れるとき，電磁石の状態は図 11. 9 と
同じですから，電磁石の左端は N 極，右端は S 極となります．した
がって，全体の状態は図 11. 8 と同様で，電磁石の間のコイルには図
11. 8 と同じ向きの力が働きます．ところで，電流の向きが逆転する
と，N, S も逆転し電磁石の間の磁場の向きも逆転します．一方，電
流に働く力は，電流，磁場の両方が逆向きになったとき変わりませ
ん．このため，電流の向きが逆になっても力は変わらず，交流の場

合でも事情は図 11.8 と同じことになり，コイルは回転を続けます．
これが交流モーターの原理です．実際のモーターでは，電磁石の間
のコイルの代わりに適当な電磁石が使われています．このような交
流モーターは電気掃除機，電気洗濯機，電気冷蔵庫，エアコンなど
の動力として大活躍しています．

12　2本の鉛筆

　光も電波も電磁波という波に属している同じ仲間です．本章では，まず2本の鉛筆を用い，簡単な実験により光が波の性質をもっていることを確かめます．次に，波の基本的な概念，波の性質，電磁波が発見されるまでに至った歴史的な経緯，電磁波の種類，電波の応用などについて説明します．

12.1　簡単な実験

宇宙の創成

　聖書の創世記によりますと，世の中を創造するため神様は第一日目に「光あれ」といわれました．現代の宇宙物理学にはこの神話に対応し**ビッグバン**という考えがあります．それに便乗した金融ビッグバンといった言葉もありますが，もともとビッグバンはロシア生まれでアメリカの物理学者であるガモフが提唱した宇宙創成のシナリオです．このシナリオは大略以下[1]のようになっています．

　いまからおよそ150億年前，突然，大爆発が起こり**物質**と**放射**が創造されました．宇宙の開闢から1秒以内というごく初期には，放射と物質は互いに姿を変えて存在していました．それからおよそ30万年以内，両者は互いに強く結合していましたが，その後の宇宙ではそれぞれほとんど独立に振る舞い，現在にいたっています．世の中の森羅万象は，物質と放射から構成されているというわけです．本やリンゴを手にとれば物質という実感が湧きますが，放射は直接

的には目に見えないため物質ほどピンとくる概念でないかもしれません．具体的には，前章で述べた電子レンジの庫内を想像してください．放射とは電磁波のことですから，庫内は放射で一杯になっています．

2本の鉛筆

光は電磁波の一種で，放射の代表選手といえます．光の示すいくつかの性質はすでに古代ギリシア・ローマ時代から知られていました．古来，光はある種の波であるという**波動説**と，大きな速さをもつ粒子であるという**粒子説**の2つが唱えられてきました．ニュートンは粒子説を支持していたといわれています．現在の物理学では，光は波であると同時に粒子であると考えます．前章で議論した熱放射のような場合には，光あるいはより一般的に電磁波は粒子の性質をもつとします．しかし，日常的には光は波と考えた方がわかりやすいと思います．これと関連した簡単な実験をしてみましょう．

準備するのは2本の鉛筆で，この2つを密着させ，その隙間から外を覗きます．ぴったり密着した状態ではなにも見えませんが，ほんの少しだけ間隔をあけると外が見えるようになります．その間隔を適当に調節すると，縦に何本かの暗い線が現れしま模様が観測できます．この模様は，光が波の性質をもつために出現したものです．いまの実験はわざわざ鉛筆を使わなくても，左右の人差し指を密着させその隙間から外を覗き実行することもできます．道具不要の大変簡単な実験ですのでぜひトライしてください．

これだけでは，光と波がすぐには結び付かないかもしれません．波の性質を学んだ後で，同じように2本の鉛筆を使ったもう少し進んだ実験を実行しましょう．

12.2 波の基本的概念

各種の波

波といわれたとき皆さんはなにを思い出すでしょうか．第2章で芭蕉の名句「古池や　蛙飛び込む　水の音」が出てきましたが，飛び込んだ後，水面上を円形に広がっていく水面波を想像する方もいらっしゃるでしょう．

一方，俳句と対比し回文(前から読んでも後ろから読んでも同じになる文)風の和歌「長き夜の　とおのねぶりの　皆目覚　波乗り船の　音のよきかな」というのがあります(ただし，古い日本語流に濁音とそうでないのは同じとします．すなわち，が＝か，ぶ＝ふとします)．波乗りとは海の波に乗ることで，現代的にはサーフィンというところです．海岸に打ち寄せる波は，代表的な波といえましょう．物理の分野では，水面波，音波，地震波，電磁波など多種多様な波が現れます．

波を表す式

池に蛙が飛び込むと，飛び込んだ点を中心として水面に円形の波ができ四方に広がっていきます(図12.1)．この場合，水面に浮かんでいる木の葉は波の進行に伴い上下に振動し，この振動状態が波として伝わっていきます．波とともに池の水が進んでいくわけではありません．波の1つの特徴は，なんらかの物理量，すなわち**波動量**がその形を変えずに，ある方向に一定の速さで進むということです．波動量としてなにを選ぶかは，注目する現象に依存します．上述の水面波では，水面の各点における平均水準面からの上下方向の変位

200

図 12.1 水面波

を波動量と考えればよいわけです．同様に，電磁波の場合には後で述べますが，電場，磁場が波動量となります．また，波の進む速さを**波の速さ**といいますが，以下これを c の記号で表します．

ここで，一般に一直線(x軸)上を正の向きに進む波を考え，その波動量を φ(ギリシア文字でファイと読みます)とします．φ は座標 x と時刻 t の関数ですので，これを $\varphi(x, t)$ と書きます．とくに，t $=0$ のとき，波動量は x の関数として図 12.2 の実線のような関数 $f(x)$ で与えられるとします．すなわち

$$\varphi(x, 0) = f(x) \qquad (12.1)$$

です．この関数 $f(x)$ は波の形，つまり**波形**を表します．正の向きに進む波を考えていますから時間がたつにつれ，図 12.2 の実線はその形を変えずに右向きへ移動します．このため，時刻 t における波動量は，図 12.2 の実線を ct だけ右側にずらした同図内の破線のように表されます．x軸上の任意の座標 x をとり，図のような x' を定義すれば，$x'=x-ct$ が成り立ちます．x における破線の φ 座標は，x' における実線の φ 座標すなわち $f(x')=f(x-ct)$ に等しくなります．したがって，破線を表す関数 $\varphi(x, t)$ は

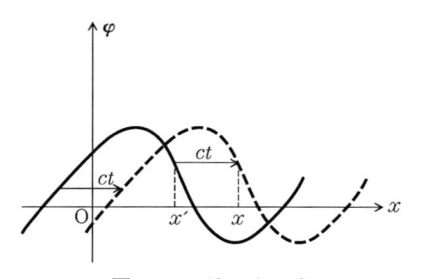

図 12.2 波を表す式

$$\varphi(x, t) = f(x - ct) \qquad (12.2)$$

で与えられます。同様に，x 軸を負の向きに進む波の場合には，$t=0$ で $\varphi = g(x)$ とすれば

$$\varphi(x, t) = g(x + ct) \qquad (12.3)$$

と書けます。(12.2)式や(12.3)式が波を表す式です。

正弦波

通常の波は波形が正弦(サイン)関数の場合で，この波を**正弦波**といいます。正弦波は図 12.3 のように表されますが，これは交流を表す図 11.1 に対応しています。正弦波を記述するのに座標原点を適当に選び(12.1)式の関数 f が

$$f(x) = A \sin kx \qquad (12.4)$$

で与えられるとします。上式中の A は振幅ですが，k を**波数**，また正弦波の 1 つの山(谷)から次の山(谷)までの距離を**波長**といいます。以下，波長を λ(ギリシア文字でラムダと読みます)の記号で表します。波長は図 11.1 の周期 T に相当する量です。

(12.4)式の関係で kx が 2π だけ変わると φ は元の値に戻りますので，$k\lambda = 2\pi$ が成り立ちます。すなわち，波数 k は

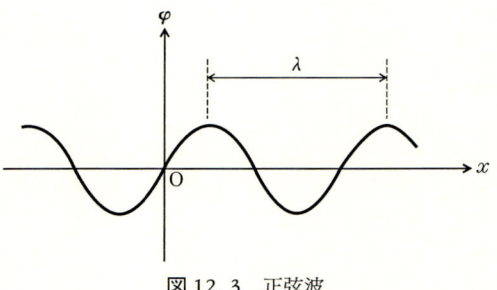

図 12.3 正弦波

$$k = \frac{2\pi}{\lambda} \tag{12.5}$$

と書けます.

単振動

(12.2), (12.4)式を用いますと, 正弦波の波動量は

$$\varphi(x, t) = A \sin k(x - ct) = A \sin(kx - \omega t) \tag{12.6}$$

と表されます. ただし

$$\omega = ck \tag{12.7}$$

とおきました. $-\sin z = \sin(z + \pi)$ という関係を利用し, (12.6)式の一番右の式を変形すると, $\varphi(x, t) = A \sin(\omega t - kx + \pi)$ となります. 一般に

$$\varphi = A \sin(\omega t + \alpha) \tag{12.8}$$

で表されるような振動を**単振動**といいます. また, 単振動するような体系は**調和振動子**と呼ばれます. 上式で ω は角振動数で, また α は $t = 0$ での φ の値と関連しており, これを**初期位相**といいます. 正弦波の場合, x を固定しある場所で波動量を観測すると, 波動量は単振動を行います. これまで触れる機会はありませんでしたが, 単振動は力学における基本的な運動の1つです. 交流と同様, 単振動

の振動数を ν とすれば(11.5)式と同じ $\omega = 2\pi\nu$ が成り立ちます．

波の基本式

1回振動が起こりますと波は波長 λ だけ進み，単位時間の間に ν 回振動が起こりますので，単位時間の間に波の進む距離は $\lambda\nu$ となります．これはちょうど波の速さ c に等しく

$$c = \lambda\nu \tag{12.9}$$

の関係が成立します．これを**波の基本式**といいます．音波を考えますと，室温で音の進む速さは $c = 340 \, \text{m/s}$ で与えられます．一方，ピアノの中央にあるドの音の振動数は約 262 Hz ですので，この音の波長 λ は波の基本式により $(340/262) \, \text{m} = 1.30 \, \text{m}$ と計算されます．通常の音波の波長は数 m というところです．(12.9)式から $\nu = c/\lambda$ となり，これを $\omega = 2\pi\nu$ に代入し(12.5)式に注意すると $\omega = ck$ が得られ(12.7)式が導かれます．逆にいえば(12.7)式は波の基本式と等価です．

12.3　波の性質

波の干渉

波動量は密度，変位，電場，磁場といったスカラー量あるいはベクトル量ですから，これらに対し加え算の規則が適用できます．このため，2つの波が同時に伝わるときそれぞれの波動量を φ_1, φ_2 とすれば，全体の波動量 φ は $\varphi = \varphi_1 + \varphi_2$ と表されます．これを**波の重ね合わせの原理**，また重ね合わされた波を**合成波**といいます．2つの波を合成したとき，山と山が重なると φ は大きくなりますし，山と谷が重なると φ は小さくなります．

204

このように，2つの波が重なり合って，強め合ったり，弱め合った
りする現象を**干渉**といいます．干渉は波の示す重要な性質の1つで
す．風呂に入ったとき，左右の人差し指を適当な間隔に保ち，両者
を水面上で上下させると，2本の指を中心として2つの水面波が広
がっていきます．2つの水面波の合成の結果，干渉らしい現象が観
測できます．このような試みは物理を楽しむ1つの方法でしょう．

ヤングの実験

第4章で運動エネルギーと関連し，イギリスの物理学者ヤングの
紹介をしました．彼が提唱したエネルギーの概念は評価されません
でしたが，同じ1807年に行った光の干渉実験は，光の波動説を実証
するものとして物理学史上に不朽の名声を残しています．

図12.4にヤングの実験の概略を示しました．この図でS_1, S_2は2
つの接近した平行なスリットを表し，これらは紙面に垂直な方向に
十分長く，またスリット自身は十分狭いとします．図のように光源
Lから出た光はスリットSを経過し，S_1, S_2を通って右側のスクリ
ーンに到達するとします．スクリーン上の点Pで光を観測すると

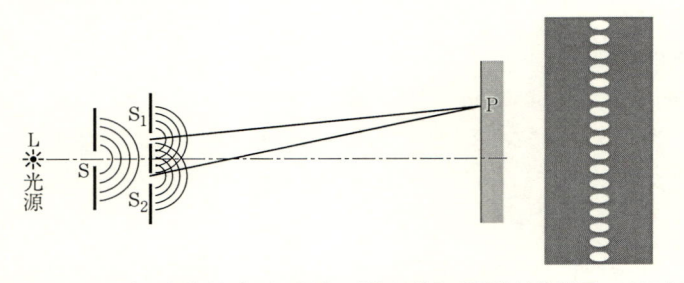

図12.4　ヤングの実験（小出昭一郎著：『物理学（三訂版）』（裳華房，1997年）
　　　　の図をもとに一部修正）

き，S_1P 間の距離と S_2P の距離の差が λ の整数倍ですと，P では山と山，あるいは谷と谷が重なり合い明るい光が観測されます．逆に，両者間の距離の差が $\lambda/2$ の奇数倍ですと，P では山と谷が重なり合い暗い光が観測されます．

　このようにスクリーン上で明暗のしま模様ができますが，これを**干渉じま**といいます．図 12.4 の右側に干渉じまの様子が図示してあります．スリットとスクリーン間の距離がわかっていれば，干渉じまの明線間の距離の測定により光の波長が求まります．

再び 2 本の鉛筆

　本章の始めに，2 本の鉛筆を密着させ隙間から外を覗くとしま模様が見えると書きました．この場合のスリットは 1 個ですから，そのしま模様は干渉じまではありません．しま模様が現れるのは他の理由によりますが，それについては後で述べます．

　2 個のスリットを実現するため次のような工夫をしましょう．(1)やや厚手の紙(例えば名刺の紙を 2 枚張り合わせたもの)を準備し，幅 5 mm，長さ 6〜7 cm に切ります．(2)この紙の厚さの半分程度の紙(例えば 1 枚の名刺)を幅 5 mm，長さ 1 cm に切ります．(3)これ

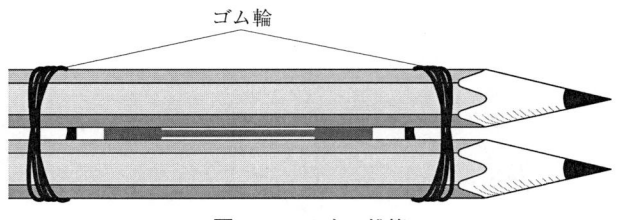

図 12.5　2 本の鉛筆

らを4つ作り，(1)の紙の両端に接するようにして裏表に張り付けます．全体を図12.5のように2本の鉛筆で挟み，ゴム輪でしっかり固定させます．厚手の紙と鉛筆の間に隙間ができますが，これらは図12.4のS₁, S₂に相当します．

最初の実験と同じように，これらのスリットを通して外を覗くと干渉じまに相当するしま模様が観測されます．簡単な工作ですのでぜひトライしてください．

回　折

最近ではあまりはやりませんが，影絵という遊びがあります．片手の指をうまく配置したり，両手の指を適当に組み合わせたりすると，これらの影はキツネとか犬に見えたりします．影絵はなかなか楽しい遊戯ですが，これは光が直進し障害物通りの影ができるという性質を利用しています．光がいつも直進するとすれば，2本の鉛筆間の1個のスリットを見た場合，スリット通りの姿が見えるはずで，しま模様が観測されるはずはありません．これから，光が直進するには適当な条件が必要であることがわかります．一方，音波は障害物の裏側に簡単に回り込むことができます．例えば，テレビの画面を新聞紙などで隠せば映像は見えなくなりますが，テレビの音声は聞こえます．以下に説明しますように，光と音のこのような差異は，波長の大きさの違いに起因します．

波が障害物で遮られたとき，波がその障害物の裏側に達する現象を回折といいます．水面波を用いた回折の例を図12.6に示します．これからわかるように，隙間に対して波長が大きいほど，回折の効果は顕著になります．一般に，波長が障害物と同程度か，それより大きいとき，回折が起こりやすくなります．前述のように音波の波

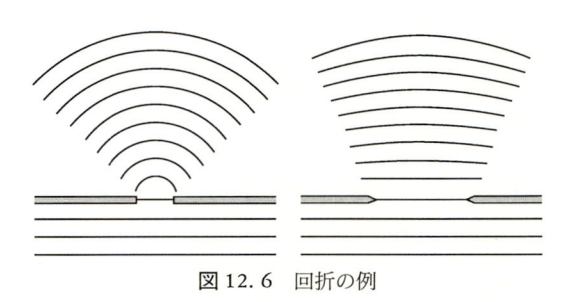

図 12.6　回折の例

長は数 m 程度なので回折がよく起こります．このため音波をシャットアウトするのは容易でなく騒音対策は難しいのです．一方，波長が障害物の大きさよりはるかに小さいと回折は起こりません．極端なことを考え，波長が 0 とすれば波としての特性がなくなりますから，この結果はある程度納得できるでしょう．光の波長は次節で述べますが，μm（$=10^{-6}$ m$=1000$ 分の 1 mm，マイクロメートル）の程度で通常の物体の大きさよりずっと小さいといえます．その結果，光では回折が起こらず，物体に光が当たったときその物体の形通りの影ができます．すなわち，光は直進すると考えてよいのです．

回折像

　ここで，本章の始めに行った実験，すなわち 2 本の鉛筆間の 1 個のスリットを覗く場合を再考しましょう．スリット幅が波長より大きいと，光は直進し，しま模様は観測されません．しかし，鉛筆を密着させ光がぎりぎりに通るくらいスリット幅を小さくすれば，回折が起こります．このとき，スリットを通過した光を後方のスクリーンで観測すると，スリット通りの形をもつ影ができるのではなく回折の効果により，輪郭に明暗のしまをもつ像が生じます．この像を**回折像**といいます．

1個のスリットを覗くとき観測されるしま模様はこの回折像であるとご理解ください.

12.4 電 磁 波

電磁波の発見

これまで古典物理学は，ニュートンの力学とマクスウェルの電磁気学の上に成り立つと述べてきました．ニュートンの力学がニュートンの運動方程式で記述されるように，電場，磁場の時間，空間的な変化はマクスウェルの方程式で表されます．ここではその詳しい説明に立ち入りませんが，この方面を勉強したい方は参考文献[2]をご覧になってください．マクスウェルは1864年，この方程式に基づき真空中の電磁場が波動として伝わることを理論的に予言しました．この波動は**電磁波**と呼ばれています．マクスウェルの理論は，すぐに一般に受け入れられたわけではありません．しかし，電磁波の存在が1888年，ヘルツにより実験的に検証されマクスウェル方程式が信頼されるにいたりました．この方程式によりますと，真空中で電磁波の進む速さは $(\varepsilon_0\mu_0)^{-1/2}$ で与えられます．この関係で ε_0, μ_0 はそれぞれ真空の誘電率，透磁率ですが，(8.3)，(10.2)の両式，すなわち

$$\varepsilon_0 = \frac{10^7}{4\pi c^2}\frac{\mathrm{C^2}}{\mathrm{N \cdot m^2}}, \quad \mu_0 = 4\pi \times 10^{-7}\frac{\mathrm{N}}{\mathrm{A^2}}$$

を利用し，$\mathrm{C} = \mathrm{A \cdot s}$ に注意しますと $(\varepsilon_0\mu_0)^{-1/2} = c\,\mathrm{m/s}$ が得られます．これから，電磁波の速さは真空中の光速に等しいことがわかります．(8.4)式では c として有効数字9桁の数値を示しましたが，実用的には

$$c = 3.00 \times 10^8 \, \text{m/s} \qquad (12.10)$$

とすれば十分です．

　大ざっぱにいって音速は 300 m/s ですから，上の c はその百万倍になります．したがって，電磁波は音より圧倒的なスピードで情報を伝達することができます．また，有線でなく無線通信が可能になります．イタリアのマルコーニは 19 世紀の終わりころ，無線通信の実用化に成功しました．彼はその功績により 1909 年，ノーベル物理学賞を受賞しています．1905 年の日本海海戦では，無線通信がバルチック艦隊の動向を報告する手段として重要な役割を演じました．20 世紀にはラジオ，テレビ，宇宙通信など電磁波が各方面で活躍しましたが，これについては次節で述べます．

電磁波の伝わり

　電磁波の進む速さは光速ですから，逆に光は一種の電磁波であると期待されます．本章の始めで述べましたように，宇宙は物質と放射から構成されていますが，放射の実体は電磁波です．いろいろな種類の放射があるようにみえますが，これらはすべて電磁波であり，ただ波長の大きさが異なるというだけです．電磁波は，その波長とは無関係に以下に説明するような伝わり方をします．その話に入る前に，波の一般的な性質に触れておきます．

　波動量は，変位，電場，磁場などのベクトルとして表されます．もっとも音波では密度というスカラーが波として伝わりますが，この場合でも音波が伝わる媒質の各部分が振動を起こし，これが波の性質をもつと考えることができます．振動は変位で記述されるので，波動量はベクトルというわけです．一般に波動量の振動方向と波の進行方向が平行であるような波を**縦波**，両者が垂直であるような波

210

を**横波**といいます．音波は縦波，電磁波は横波です．z軸の方向に進む電磁波を考え，ある瞬間における電磁波の様子を図示すると図12.7のようになります．すなわち，電場 E は x 方向，磁場 H は y 方向に生じ，時間がたつにつれ全体のパターンが矢印の向きに c の速さで進んでいきます．一般に，電場と磁場とは垂直で，電場から磁場の方向に右ネジを回したときネジの進む向きに電磁波は伝わっていきます．

電磁波の分類

電磁波は，その波長に応じて図12.8のように分類されています．ここで 10^{-4} m 以上の波長をもつ電磁波を**電波**といいます．英字による呼び方は国際電気通信条約無線規則によるもので，電波については別途12.5節で述べましょう．ここでは，図の右側について説明します．

可視光線の領域は 0.38 μm から 0.77 μm の範囲ですが，その限界および色の境界には個人差があります．波長が 1 Å（$=10^{-8}$ m）程度の電磁波は X 線で，医療や結晶構造の解析などに利用されています．歯，肺，胃，腸などの検査で X 線のお世話になった方は多数いらっしゃると思います．X 線よりさらに波長の短い $\overset{\text{ガンマ}}{\gamma}$ 線は，原子核から放出される電磁波です．

12.5 電波の応用

図12.8で示した電波のうち，波長の長い超長波，長波は船舶通信とか，航空機用通信として利用されていますが，どちらかといえば日常生活とは無縁の存在です．ここでは身の回りの電波に注目し，

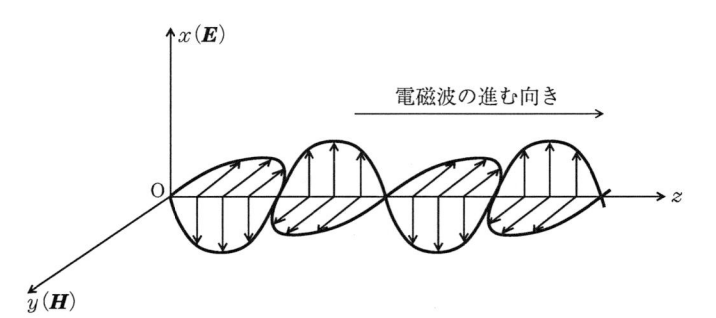

図 12.7　z 軸の方向に進む電磁波

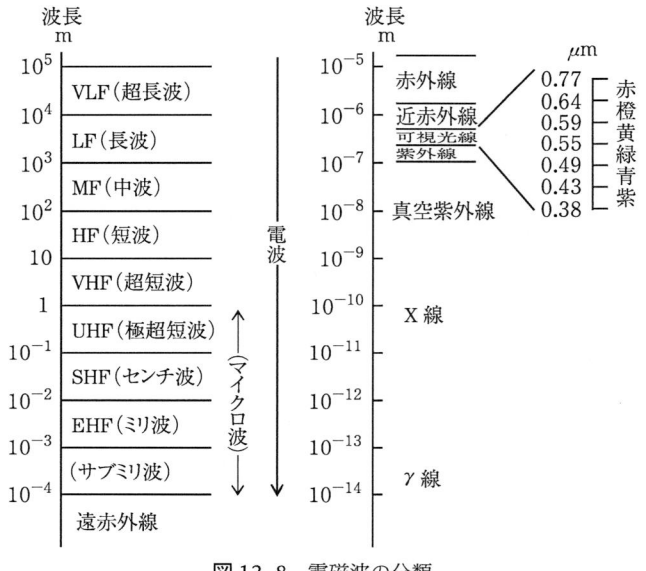

図 12.8　電磁波の分類

いくつかの応用例について述べていきます.

ラジオ

　ラジオ放送は 1920 年にアメリカで始められ, 日本でも 1925 年（大正 14 年）に始められました. 現在のラジオ放送には中波, 短波を用いた AM 放送と超短波による FM 放送があります. いくつかの放送局について周波数, 波長を考えてみます. ラジオの NHK 第 1 放送の周波数は 594 kHz（1 kHz＝10^3 Hz）ですから, その波長は

$$\frac{3\times10^8}{594\times10^3}\,\mathrm{m} = 505\,\mathrm{m}$$

と計算されます. 同様にラジオたんぱの 1 つのチャンネルは, 3.925 MHz（1 MHz＝10^6 Hz）で, その波長は 76.4 m, TOKYO FM は 80.0 MHz で波長は 3.75 m となります. これらは図 12.8 からわかるようにそれぞれ, MF, HF, VHF に属しています. このような電波は, 人間の声や音楽などの音声信号を運びますので搬送波（はんそうは）と呼ばれます.

　ラジオでは音声をマイクロホンで電流に変え, これを音声信号として搬送波で送ります. このように搬送波に音声を乗せることを**変調**といいます. 変調には上述の AM と FM の 2 つの方式があります. AM は**振幅変調**（Amplitude Modulation）, FM は**周波数変調**（Frequency Modulation）を意味しています. 音声信号の周波数は 20〜20000 Hz ですが, AM では(12.6)式の $\varphi = A\sin(kx-\omega t)$ で A を音声信号に従い, また FM では sin の中身 $kx-\omega t$ を音声信号に従い変化させて, これらの電波を放送局のアンテナから発信します. AM, FM の感じは, 図 12.9 から掴んでいただけると思います. ラジオの受信機では特定な電波を適当な方法で取り出し, それ

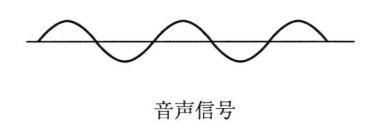

音声信号

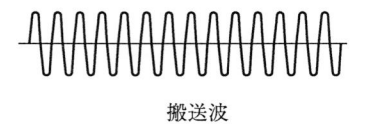

搬送波

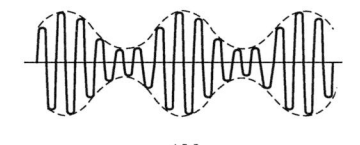

AM

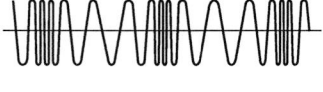

FM

図 12.9　AM と FM(音声信号と搬送波)

に含まれている音声信号を元の音声に復元します．ラジオはテレビ
が出現するまでニュース，情報，音楽，娯楽などの主要な発信源で
した．

テレビ

　1938 年(昭和 13 年)発行，柴山雄三郎著『驚異の科学』という書物
が私の手元に残っています．この本を改めて読み，当時，現在とほ
とんど同じ原理のテレビが開発中であったことを知り，それこそ驚
異に感じました．1940 年(昭和 15 年)には東京でオリンピックが開
かれるので，それに間に合うようテレビ放送を始める予定とのこと
でした．周知のようにオリンピックもテレビも戦争で駄目になりま
した．もちろん，テレビはラジオより高級で，音声だけでなく目で
見える映像を電波で送る必要があります．動きのある映像を記録す
るのは，基本的には 8 mm ムービーと同じです．ムービーでは標準
的に 1 秒間に 16 コマの割合でフィルムが送られますが，それがビ
デオカメラでは 30 コマとなっています．1938 年の段階でも 1 秒間

に30コマの方式が採用されていました。ビデオカメラに写った像を送信するには、走査線に映像の情報を記録し、これを電波として送ります。1938年には240本の走査線が計画されていましたが、現在のテレビの走査線は525本、ハイビジョンのは1125本です。また、映像はAM変調、音声はFM変調で送信されています。

テレビの放送開始後しばらくは白黒テレビでした。カラー放送が本格的に始まったのは1960年からです。カラーテレビでは、カメラにより像を赤、緑、青の3原色に分けそれを信号化して送信します。受信装置でもブラウン管に塗る塗料を赤、緑、青に分けそれぞれの信号に応じて反応するようにしてあります。これまで何回かお名前の出てきた成田さんは、カラー用のブラウン管の開発にも従事されたとのことで、その難しさをお聞きした覚えがあります。白黒テレビに比べカラーテレビは3倍も手数がかかり、初期のころはかなり高価でした。その後、技術開発のお陰で低価格となりカラーテレビが普及しました。現在では、テレビといえば自動的にカラーテレビを指すことになっています。液晶表示の普及にも技術の進歩が感じられます。

衛星放送

テレビの電波は図12.8の超短波または極超短波に属しています。例えばテレビ第1チャンネルは、関東地方ではNHKテレビが放映されその周波数は映像で91.25 MHz(波長3.29 m)、音声で96.75 MHz(波長3.10 m)となっています。またUチャンネルの波長はこれより短くなります。このため、テレビ放送の電波は回折が起こりにくく、山とか大きな建物の裏側には達せずに電波障害が発生する可能性があります。

このような障害を除くために，人工衛星が利用されています．衛星放送では赤道上に固定された静止衛星に向けて電波を送り，衛星では受信した電波を中継器で増幅した後，地球に送信します．静止衛星が実現するのは力学の法則に基づくものであり，電波の送受信は電磁気学の原理を応用しています．衛星放送はまさに物理学のもたらした大きな賜物であるといえましょう．

マイクロ波の応用

これまで何回か話題になった電子レンジは，マイクロ波を応用する典型的な電気器具です．マイクロ波は私の学生のころから花形で，同名の講義があったくらいです．なにしろ第二次世界大戦中，マイクロ波はレーダーに利用するということで，いかに安定で強力なマイクロ波を発生させるか各国で激しい競争が行われました．このための装置は，マグネトロンと呼ばれる一種の真空管です．朝永振一郎，シュウィンガー，ファインマンは1965年量子電磁力学の研究でノーベル物理学賞を受賞しましたが，朝永，シュウィンガーの2名は戦時中マグネトロンの研究をされたとのことです．この話はなにかの講演の際，朝永先生自身からお聞きした記憶があります．電子レンジはマグネトロンを使ってマイクロ波を作っています．国際的に電子レンジの電波の周波数は $2.45\,\mathrm{GHz}$（$1\,\mathrm{GHz}=10^9\,\mathrm{Hz}$，波長約 $12\,\mathrm{cm}$）と決められていて，図12.8の分類によるとこの電波はUHFに所属します．この電波は食物に含まれる水の分子によく吸収され，吸収されたエネルギーが熱エネルギーと変わり，庫内で料理ができることとなります．かつては兵器として開発されたマグネトロンが民生に応用されるとは時代の変遷を感じさせます．

最後に，マイクロ波の最近の応用例を2つほど述べておきます．

1つは携帯電話で，皆さんの中にも利用者が多数いらっしゃると思います．携帯電話では，電話の器具と無線基地局との間を 800 MHz（波長約 38 cm）帯または 1.5 GHz（波長 20 cm）帯の UHF で結び，無線基地局の間の交信には有線が利用されています．もう 1 つの応用列はカーナビで，アメリカ国防省の衛星システム GPS（Global Positioning System）を利用し，周波数 1575.42 MHz（波長約 19 cm）の電波をキャッチし，車の位置を地図上で正確に表示してくれます．個人が携帯可能な装置が開発中であると聞いていますが，このような装置は方向感覚のない人にとり大きな福音となるでしょう．

参 考 文 献

第1章

(1) 戸田盛和：動くおもちゃ，日経サイエンス社(1983)．

(2) 戸田盛和，村井宗二：しかけおもちゃであそぼう，岩波書店(1997)．

(3) 糸巻き車，http://www.arkworld.co.jp/cph/tedukuri/

第2章

(1) 例えば「寝たきり老人ゼロ作戦」をキーワードとして infoseek で検索してください．

(2) http://www4.ocn.ne.jp/~okabe315/clinic/b5.html のページにチルトテーブルという名称で斜面台の写真が掲載されています．

第3章

(1) 放送大学通信，ON AIR，第31号(1993)．

(2) 森口繁一，宇田川銈久，一松信：数学公式 II，p.160，岩波書店(1957)．

(3) 小出昭一郎：力学，岩波書店(1980)．

(4) 阿部龍蔵：力学[新訂版]，サイエンス社(1992)．

(5) 阿部龍蔵，堂寺知成：運動と力，第7章，堂寺知成著，計算機の応用，放送大学教育振興会(2001)．

第5章

(1) 日本けん玉協会 http://kendamanet/

(2) 特集，アナロジーの冒険，数理科学，No.343，サイエンス社(1992)．

(3) 阿部龍蔵：力学[新訂版]，p.30，サイエンス社(1992)．

第6章

(1) 阿部龍蔵，遠山紘司：物理の世界，p.61，放送大学教育振興会(1999)．

(2) 小出昭一郎，兵藤申一，阿部龍蔵：物理概論上巻，裳華房(1983)．

(3) 小野嘉之：熱力学，裳華房(1998)．

第7章

(1)　小出昭一郎，兵藤申一，阿部龍蔵：物理概論，上巻，p. 215，裳華房
(1983).

第8章

(1)　兵藤申一：身のまわりの物理，裳華房(1994).
(2)　A. D. ムーア著，高野文彦訳：静電気の話，河出書房新社(1972).

第9章

(1)　例えば http://www.kyoto-inet.or.jp/people/sugicom/kazuo/neta/
take33.html
(2)　http://www.tepco.co.jp/nuclear/muscat/section_1.html

第10章

(1)　中山正敏：電磁気学，裳華房(1986).
(2)　阿部龍蔵：電磁気学入門，サイエンス社(1994).

第11章

(1)　中嶋貞雄：量子の世界[新版]，東京大学出版会(1975).

第12章

(1)　阿部龍蔵，平川暁子：自然と科学，物質編，第1章，小尾信彌著，宇宙の
構造と物質，放送大学教育振興会(1993).
(2)　小出昭一郎，兵藤申一，阿部龍蔵：物理概論，下巻，裳華房(1983).

索　引

ア 行

アナロジー　77
アルコール温度計　93
アンペア　142
アンペア回数　168
アンペアターン　168
イタリック　12
位置エネルギー　57
　重力の——　57
　弾性の——　59
一次電池　141
位置ベクトル　45
糸巻き車　4
因果律　49
陰極　140
ウェーバ　158
運動
　——の第一法則　33
　——の第二法則　31
　——の第三法則　15
　——の定数　66
　——の法則　34
運動エネルギー　61
運動量　61, 82
永久電気双極子　138
衛星放送　214
エジソン　185
SI　12
S極　157
N極　157

エネルギー　56
　——準位　188
　——保存則　99
　位置——　57
　運動——　61
　内部——　100
　熱——　99
　力学的——　65
MKS単位系　12
エントロピー　119
　——増大則　119
大きさ　13
オーム　143
　——の法則　43, 143
重さ　22
温度　89
　絶対——　92

カ 行

回折　206
回折像　207
回転数　76
外燃機関　116
ガウス　164
可逆過程　109
可逆変化　109
角運動量　83
　——保存則　85
　軌道——　86
　スピン——　86
　全——　85

拡散　112

角周波数　181

角振動数　181, 202

角速度　75

カ氏温度　89

加速度　30, 47

　　重力――　29

　　瞬間――　31

　　平均――　30, 47

過渡現象　41

カマリング・オネス　148

ガモフ　197

カロリー　94

カロリック　95

寒剤　91

干渉　204

干渉じま　205

慣性の法則　33

慣性モーメント　83

完全気体　102

気化熱　90

基底状態　189

起電力　42, 140

　　誘導――　170

軌道角運動量　86

キャリヤー　142

強磁性体　163

キロワット時　152

空洞放射　188

クーパー　149

クーロン　126, 128

　　――の法則　127

クーロン力　127

クラウジウス　114

　　――の原理　113

ケプラーの第三法則　81

ケルビン　61, 93

現象論　101

減衰振動　110

けん玉　72

コイル　167

高温熱源　116

格子振動　148

向心力　80

合成波　203

剛体　84

効率　117

交流　171

　　――電源　171

　　――モーター　194

合力　27

国際単位系　12

固体物理学　148

古典物理学　42

混合　112

サ 行

差分　48

差分方程式　48

作用反作用の法則　15

三角関数　23

磁荷　157

磁化　163

　　自発――　163

時間反転　109

磁気双極子　161

磁気分極　163

磁気モーメント　161

磁極　157

次元　12

思考実験　18

仕事　52

索引 221

——率 151
磁針 156
磁性体 163
時速 8
磁束線 165
磁束密度 164
実在気体 102
質点 28
試電荷 130
磁場 158
——の強さ 158
自発磁化 163
斜面台 20
シュウィンガー 215
周期 76, 181
重心 18
従属変数 45
自由電子 125
周波数 181
——変調 212
　角—— 181
自由ベクトル 45
自由落下 32
重力加速度 29
重力の位置エネルギー 57
重力の大きさ 22
重力場 18
ジュール 54, 97
ジュール熱 153
シュリーファー 149
瞬間加速度 31
瞬間の速さ 13
準静的過程 57
常磁性体 163
常伝導 148
初期位相 202

初期条件 48
初速度 48
磁力線 159
真空中の光速 128
真空の透磁率 158
真空の誘電率 128
振動数 181
振幅 110, 180, 201
——変調 212
水銀温度計 93
推進力 3, 14
垂直抗力 19
水平分力 159
スカラー 25
スピン 86
スピン角運動量 86
正弦波 201
正射影 46
静電気 135
静電場 135
セ氏温度 89
絶縁体 136
絶対温度 92
絶対値 13
絶対零度 93
セルシウス 95
セルシウス度 89
全角運動量 85
双極子
　永久電気—— 138
　磁気—— 161
　電気—— 138
送電線 179
速度 13, 46
——ベクトル 46
　初—— 48

平均—— 46
束縛運動 33
束縛条件 33
束縛ベクトル 46
束縛力 33
素電荷 129
素粒子物理学 147
ソンノイド 168
ソンノイドコイル 168

タ 行

帯電 125
縦波 209
単位 11
単振動 202
弾性の位置エネルギー 59
断熱系 120
単振り子 109
力
　——の合成 27
　——の成分 23
　——の分解 23
蓄電池 142
地磁気 159
超関数 44
超電気伝導 148
超伝導 148
調和振動子 202
直線運動 10
直流 142
　——モーター 193
低温熱源 116
抵抗率 145
定数
　運動の—— 66
　ディラック—— 87

ニュートンの重力—— 80
　バネ—— 58
　プランク—— 87, 188
　ボルツマン—— 103
ディメンション 12
ディラック 42
　——定数 87
テスラ 164, 185
δ関数 42
テレビ 213
電圧 133
　——実効値 183
電位 132
電位差 133
電荷 125
電界 126
電機子 193
電気双極子 138
電気双極子モーメント 138
電気素量 129
電気抵抗 42, 143
　——率 145
電気的中性 125
電気力線 132
電源 140
電磁気学 130
電磁石 194
電磁波 208
電子ボルト 134
電磁誘導 169
電子レンジ 190, 215
電池
　一次—— 141
　二次—— 142
点電荷 126
電場 126, 131

索　引　223

——の強さ　131
——ベクトル　131
電波　210
天文単位　81
電流　140
　——実効値　183
　——の熱作用　153
電力　151
統計力学　102
等速円運動　74
導体　135
等電位面　136
独立変数　45
トムソン　61, 114
　——の原理　113
朝永振一郎　215

ナ 行

内燃機関　116
内部エネルギー　100
内部抵抗　144
波
　——の重ね合わせの原理　203
　——の基本式　203
　——の速さ　200
二次電池　142
ニュートン　32, 80
　——の運動方程式　32
　——の重力定数　80
熱　92
　——の仕事当量　97
熱運動　102
熱エネルギー　99
熱学　94
熱機関　115
熱素　95

熱電対　93
熱伝導　95, 111
熱平衡　108
熱放射　186
熱力学　100
　——第一法則　100
　——第二法則　113
熱量　94
　——保存則　96

ハ 行

バーディン　149
ハイゼンベルク　149
背面跳び　37
波形　200
波数　201
波長　201
波動説　198
波動量　199
バネ定数　58
速さ　8
　瞬間の——　13
　波の——　200
　平均の——　11
半金属　146
反磁性体　163
搬送波　212
半導体　146
万有引力　80
　——の法則　80
BCS 理論　149
ビッグバン　197
比抵抗　145
比熱　96
微分　13
比誘電率　128

秒　　11
氷点　　91
ファーレンハイト　　89, 95
ファインマン　　215
不可逆過程　　110
不可逆変化　　110
不完全気体　　102
伏角　　159
フック　　59
　　——の法則　　58
物質　　197
物性物理学　　147
物性論　　147
物理学
　　固体——　　148
　　古典——　　42
　　素粒子——　　147
　　物性——　　147
物理量　　11
ブラック　　96
プランク　　188
　　——定数　　87, 188
フレーリッヒ　　149
フレンケル　　38
分極
　　——電荷　　137
　　磁気——　　163
　　誘電——　　137
分子運動(論)　　102
分子磁石　　162
分力　　23
平均加速度　　30, 47
平均速度　　46
平均の速さ　　11
平行四辺形の法則　　27
平衡状態　　108

ベクトル　　22
　　——場　　131
　　——和　　26
　　位置——　　45
　　自由——　　45
　　速度——　　46
　　束縛——　　46
　　電場——　　131
　　変位——　　25
ヘルツ　　76, 181, 208
ヘルムホルツ　　98
変圧器　　171
変位ベクトル　　25
変調　　212
　　周波数——　　212
　　振幅——　　212
放射　　197
　　空洞——　　188
　　熱——　　186
ボーア　　189
　　——の振動数条件　　189
保存則
　　エネルギー——　　99
　　角運動量——　　85
　　熱量——　　96
　　力学的エネルギー——　　65
ボルタの帯電列　　125
ボルツマン　　103
ボルツマン定数　　103
ボルト　　133

マ 行

マイクロアンペア　　142
マイクロクーロン　　130
マイクロ波　　215
マイクロメートル　　207

索　引　225

マクスウェル　102, 208
　　──の方程式　208
　　──分布　102
マグネトロン　215
摩擦電気　124
摩擦熱　111
マルコーニ　209
ミリアンペア　142
無次元の量　75
メートル　11
モーター　191
　交流──　194
　直流──　193
モーメント
　慣性──　83
　磁気──　161
　電気双極子──　138

ヤ 行

ヤング　61, 204
　　──の実験　204
誘電体　137
誘電分極　137
誘電率　128
誘導起電力　170
湯川秀樹　28

ゆらぎ　120
陽極　140
横波　210

ラ 行

ライト兄弟　44
ラジアン　75
ラジオ　212
ランフォード　96
里　8
力学　15
力学的エネルギー　65
　　──保存則　65
理想気体　103
粒子説　198
量子仮説　188
量子力学　42, 188
量子論　188
燐光　189
励起状態　189
レンツの法則　170
ローマン　12

ワ 行

ワット　99, 151

■岩波オンデマンドブックス■

物理を楽しもう

2001 年10月23日	第 1 刷発行
2002 年 3 月 5 日	第 2 刷発行
2014 年 6 月10日	オンデマンド版発行

著　者　阿部龍蔵

発行者　岡本　厚

発行所　株式会社 岩波書店
〒 101-8002 東京都千代田区一ツ橋 2-5-5
電話案内 03-5210-4000
http://www.iwanami.co.jp/

印刷／製本・法令印刷

© 阿部康子 2014
ISBN978-4-00-730111-7　　Printed in Japan